Geoparks

In der Reihe „Geoparks" werden Regionen von geologischer, montangeschichtlicher und landschaftlicher Bedeutung vorgestellt. Die Bände dieser Reihe bieten eine Einführung in den erdgeschichtlichen und landeskundlichen Kontext der Region, gefolgt von ausführlichen und abbildungsreichen Beschreibungen ausgewählter Geotope und ihrer Bedeutung. Jeder Band wird durch logistische Tipps und Informationen ergänzt, damit diese schönen und faszinierenden Sehenswürdigkeiten umfassend entdeckt werden können.

Gabriel Kirchmair · Alexander Lukeneder ·
Wolfgang Christoph Riedl

UNESCO Global Geopark Steirische Eisenwurzen

Gabriel Kirchmair
Pollham, Österreich

Wolfgang Christoph Riedl
Stein & Zeit – Dolmetscher für Geologie
Admont, Österreich

Alexander Lukeneder
Geologisch-Paläontologische Abteilung,
Naturhistorisches Museum Wien
Wien, Österreich

ISSN 2731-6548 ISSN 2731-6556 (electronic)
Geoparks
ISBN 978-3-662-69873-0 ISBN 978-3-662-69874-7 (eBook)
https://doi.org/10.1007/978-3-662-69874-7

Die Deutsche Nationalbibliothek verzeichnet diese Publikation in der Deutschen Nationalbibliografie; detaillierte bibliografische Daten sind im Internet über https://portal.dnb.de abrufbar.

© Natur- und Geopark Steirische Eisenwurzen GmbH 2025

Das Werk einschließlich aller seiner Teile ist urheberrechtlich geschützt. Jede Verwertung, die nicht ausdrücklich vom Urheberrechtsgesetz zugelassen ist, bedarf der vorherigen Zustimmung des Verlags. Das gilt insbesondere für Vervielfältigungen, Bearbeitungen, Übersetzungen, Mikroverfilmungen und die Einspeicherung und Verarbeitung in elektronischen Systemen.
Die Wiedergabe von allgemein beschreibenden Bezeichnungen, Marken, Unternehmensnamen etc. in diesem Werk bedeutet nicht, dass diese frei durch jede Person benutzt werden dürfen. Die Berechtigung zur Benutzung unterliegt, auch ohne gesonderten Hinweis hierzu, den Regeln des Markenrechts. Die Rechte des/der jeweiligen Zeicheninhaber*in sind zu beachten.
Der Verlag, die Autor*innen und die Herausgeber*innen gehen davon aus, dass die Angaben und Informationen in diesem Werk zum Zeitpunkt der Veröffentlichung vollständig und korrekt sind. Weder der Verlag noch die Autor*innen oder die Herausgeber*innen übernehmen, ausdrücklich oder implizit, Gewähr für den Inhalt des Werkes, etwaige Fehler oder Äußerungen. Der Verlag bleibt im Hinblick auf geografische Zuordnungen und Gebietsbezeichnungen in veröffentlichten Karten und Institutionsadressen neutral.

Einbandabbildung: Copyright NUP EIS – Barbara Nachbagauer

Planung/Lektorat: Simon Shah-Rohlfs
Springer ist ein Imprint der eingetragenen Gesellschaft Springer-Verlag GmbH, DE und ist ein Teil von Springer Nature.
Die Anschrift der Gesellschaft ist: Heidelberger Platz 3, 14197 Berlin, Germany

Wenn Sie dieses Produkt entsorgen, geben Sie das Papier bitte zum Recycling.

Geleitworte

Mag.ª Ursula Lackner

Der Natur- und Geopark Steirische Eisenwurzen – ein außergewöhnliches Natur- und Kulturerbe und überdies der einzige UNESCO Global Geopark in der Steiermark – liegt im Herzen Österreichs und erzählt eine faszinierende Geschichte, die eng mit der Region und ihrer reichen Vergangenheit verknüpft ist, denn die Eisenwurzen, benannt nach dem Steirischen Erzberg und seinen beeindruckenden Erzvorkommen, war einst ein Zentrum der Eisenverarbeitung.

Doch wie so oft in der Geschichte führten die Herausforderungen der Industrialisierung und die drastische Abholzung der Wälder zu einem Wandel. Dieser Wandel brachte eine Abwanderung der Bevölkerung mit sich, die in den 1980er-Jahren ihren Höhepunkt erreichte. Viele einstige Leitbetriebe mussten umstrukturieren oder schließen. Doch aus dieser Phase der Veränderung entstand auch die Idee, den Reichtum der Natur zu schützen, Bildungs- und Tourismuseinrichtungen zu schaffen und die Regionalentwicklung zu fördern.

Die Gründung des Naturparks im Jahr 1996 war ein entscheidender Schritt in diese Richtung. Dieser Park wurde später in das Europäische Geopark-Netzwerk aufgenommen und erlangte schließlich im Jahr 2015 den Status eines UNESCO Global Geoparks; damit wurde er auch Teil des UNESCO-Welterbes. Dies verdeutlicht die Bedeutung und den Wert des Geoparks Steirische Eisenwurzen für die Welt und die Menschheit.

Als zuständige Landesrätin freut es mich besonders, dass der Natur- und Geopark Steirische Eisenwurzen diese Region in der Obersteiermark voller geologischer und landschaftlicher Alleinstellungsmerkmale begreifbar und gleichzeitig als Hotspot der Biodiversität eine unglaubliche Artenvielfalt erlebbar macht. In unmittelbarer Nachbarschaft befinden sich auch das einzige Wildnisgebiet und Weltnaturerbe Österreichs (Dürrenstein-Lassingtal) sowie der Nationalpark Kalkalpen und der einzige Nationalpark der Steiermark (Gesäuse).

Das nun vorliegende Buch lädt Sie ein, die faszinierende Geschichte, die vielfältige Natur und die inspirierenden Bemühungen zur Erhaltung dieses einzigartigen Ortes zu entdecken. Es ist eine Reise in die Vergangenheit, Gegenwart und Zukunft, die uns daran erinnert, wie wichtig es ist, unsere natürliche Umgebung zu schützen und zu schätzen – und daran, dass der UNESCO Global Geopark Steirische Eisenwurzen nicht nur ein Erbe für die Region, sondern für die gesamte Menschheit ist.

Graz
November 2025

Mag.^{a} Ursula Lackner
Landesrätin für Umwelt, Klimaschutz,
Energie, Regionalentwicklung und
Raumordnung im Land Steiermark

Geleitworte

Armin Forstner (Fürnholzer)

Der Naturpark Steirische Eisenwurzen wurde 2002 als Europäischer Geopark anerkannt und erhielt 2015 die besondere Auszeichnung als UNESCO Global Geopark und wurde Teil des UNESCO-Welterbes – als einzige Region in der Steiermark.

Die Geoparks arbeiten an verschiedenen Schwerpunkten, darunter Bildung, nachhaltigem Tourismus, Forschung, Klimawandel, Regionalentwicklung und Schutz des geologischen, natürlichen und kulturellen Erbes.

Mit diesem besonderen Prädikat hat die Steirische Eisenwurzen ein Alleinstellungsmerkmal für die nachhaltige Entwicklung unserer Region. Als Regionsvorsitzender des Bezirkes Liezen freut es mich besonders, dass meine Heimatregion und gleichzeitig auch die Gemeinde Sankt Gallen Teil dieser Modellregion sein darf. Mit dem Naturpark als auch UNESCO Global Geopark wollten wir als Vorreiter zu den genannten Themenschwerpunkten auftreten – für unsere Bevölkerung und Gäste.

Dieses Buch beleuchtet die Welt des UNESCO Global Geoparks und ihre Bedeutung im Schutz unseres geologischen Erbes, in Bildung und Tourismus. Es ist ein Beitrag zur wissenschaftlichen Auseinandersetzung mit dieser einzigartigen Form des Naturschutzes und der nachhaltigen Entwicklung. Es ist eine fundierte Zusammenschau unserer geologischen und landschaftlichen Gegebenheiten auf der unsere bisherige und zukünftige Regionalentwicklung in den vier Mitgliedsgemeinden basiert. Wir hoffen, dass es Ihr Interesse weckt und die Schönheit unserer Natur- und Geoparks verdeutlicht.

Sankt Gallen
November 2025

Armin Forstner
Bürgermeister der Marktgemeinde Sankt Gallen
Abgeordneter zum steirischen Landtag
Regionsvorsitzender des Bezirks Liezen

Geleitworte

Mag. Martin Fritz (eSeL)

Den Frieden im Geiste der Menschen zu verankern – diesem Ziel hat sich die UNESCO verschrieben und legt es all ihren Programmen zugrunde. Um die Welt friedlicher und gerechter zu gestalten, benötigen wir nachhaltige Lebens- und Wirtschaftsformen. Modellregionen, in denen wir diese entwickeln, erproben und schließlich verinnerlichen können, sind UNESCO Global Geoparks.

UNESCO Global Geoparks sind Gebiete und Landschaften von internationaler geowissenschaftlicher Bedeutung wie Fossilfundstellen, Höhlen, Vulkane oder auch Bergbau, die ein ganzheitliches Konzept von Schutz des geologischen Erbes, Bildung und nachhaltiger Entwicklung verfolgen.

Dabei haben Geoparks keinen rein konservierenden Auftrag, vielmehr steht die Auseinandersetzung mit dem Einfluss der Erd- und Menschheitsgeschichte auf unsere Gegenwart im Fokus. Der sichtbare Einfluss des Klimas im Laufe der Geschichte gibt Aufschluss über globale gesellschaftliche Herausforderungen wie den Klimawandel. Die Beschaffung des Bodens ist Grundlage für Flora und Fauna sowie Ausgangspunkt für Landwirtschaft, Naturschutz und den Erhalt von Ökosystemen. Geoparks zeigen uns die Begrenztheit natürlicher Ressourcen auf und ermöglichen uns, aus der Vergangenheit zu lernen und daraus Schlüsse für die Zukunft zu ziehen. Wesentlich dabei sind die Einbeziehung und Zusammenarbeit mit der lokalen Bevölkerung sowie der Austausch mit weiteren Geoparks in dem weltweiten Netzwerk von derzeit rund 200 Parks.

In Österreich gibt es drei Geoparks: UNESCO Global Geopark Erz der Alpen, UNESCO Global Geopark Karawanken, UNESCO Global Geopark Steirische Eisenwurzen.

Der UNESCO Global Geopark Steirische Eisenwurzen wurde schon lange vor der Aufnahme in das UNESCO-Programm im Jahr 2015 betrieben. Bereits 2002 wurde er als Europäischer Geopark ausgezeichnet und zwei Jahre später in das Netzwerk der Global Geoparks unter der Schirmherrschaft der UNESCO aufgenommen. Durch seine Schwerpunktveranstaltungen und Aktivitäten sowie die internationalen Kooperationen trägt der Geopark wesentlich zu dem Ziel der UNESCO bei, aus der Vergangenheit zu lernen und daraus Schlüsse für eine nachhaltigere und gerechtere Zukunft zu ziehen.

Wien
November 2025

Mag. Martin Fritz
Generalsekretär Österreichische
UNESCO-Kommission

Inhaltsverzeichnis

1	**Geoparks in Österreich**	1
	Weiterführende Literatur.	10
2	**Wild und sanft – die Steirischen Eisenwurzen**	11
	2.1 Eine gewandelte Kulturlandschaft	11
	Weiterführende Literatur.	16
3	**Erdgeschichtlicher Überblick**	17
	3.1 Der Gesteinsbestand und ihre zeitliche Entstehung.	17
	3.1.1 Perm – versalzenes Ende von Pangäa	18
	3.1.2 Trias – rauer Anfang und mächtige Karbonatproduktion.	18
	3.1.3 Jura – endgültiger Zerfall Pangäas.	21
	3.1.4 Kreide – Meeresboden taucht auf	22
	3.1.5 Paläogen – erstes Gebirge	23
	3.1.6 Neogen und Quartär – eisiges Nachspiel und letzter Schliff.	23
	3.2 Geotope	24
	3.2.1 Was sind Geotope?.	24
	3.2.2 Geotope im Natur- und Geopark Steirische Eisenwurzen.	24
	Weiterführende Literatur.	27
4	**Sanfter Westen: Sankt Gallen und Altenmarkt**	29
	4.1 Geschichte von Sankt Gallen, Weißenbach und Altenmarkt	29
	4.2 CSI – Ice Age: Spuren vergangener Eiszeiten	31
	4.2.1 Woher kam der Eisstrom?	31
	4.2.2 Schlüsselstelle Gesäuseeingang	35

	4.2.3	Ausweichroute: Buchauer Sattel	36
	4.2.4	Endstation Eistransport – bitte umsteigen	36
	4.2.5	Terrassen und spektakuläre Schluchten	36
4.3	GeoFood – Kulinarik auf Grundlage der Geologie		37
	4.3.1	Was ist die Basis für landwirtschaftliche Produktion?	38
	4.3.2	Terrassen von Sankt Gallen und Weißenbach	39
	4.3.3	Buchauer Sattel	39
	4.3.4	Glaziales Hochtal Breitau	40
4.4	Spitzenbachklamm und Teufelskirche		41
	4.4.1	Spitzenbachklamm	41
	4.4.2	Teufelskirche	43

5 Geopark-Hotspot Landl: Gams bei Hieflau ... 47

5.1	Geschichte von Gams bei Hieflau		48
5.2	Höhlen der Steirischen Eisenwurzen – Schätze im Bauch der Berge		50
	5.2.1	Kraushöhle	50
	5.2.2	Bergmandlloch	53
5.3	Gagat – Glanzkohle – Gams		54
	5.3.1	Geologischer Rahmen	54
5.4	Riesenmuscheln in der Nothklamm – fossile Kuhtritte		58
	5.4.1	Tropisches Meer der Nothklamm	59
5.5	Seelilienwälder des Jura – Hierlatzkalk der Nothklamm		64
	5.5.1	Tropisches Meer der Nothklamm	65
5.6	Vorsicht Saurier – Gams im Dinofieber		69
	5.6.1	Zeig mir deinen Zahn – und ich sag dir, wer du bist	70
5.7	Friedhof der Puppen- und Faltenschnecken – Bechermuschelriff mit Kohle		75
	5.7.1	Der Pitzengraben – Vielfalt im Kreidemeer	76
5.8	KT-Impakt – Verschwinden der Dinosaurier		83
	5.8.1	Ein Meteorit wird kommen – Ende mit Schrecken	84

Weiterführende Literatur ... 89

6 Geopark Hotspot Landl: Großreifling, Hieflau und Palfau ... 93

6.1	Geschichte von Landl mit Großreifling, Hieflau und Palfau		93
6.2	Ganser Grotte		96
6.3	Rochushöhle		97
6.4	Palfauer Wasserlochklamm		99
	6.4.1	Geologischer Rahmen und Einzugsgebiet	99

6.5	Massen von Ammoniten an der Enns – das *Balatonites*-Vorkommen	103
6.5.1	*Balatonites* in stinkendem Gestein	105
6.5.2	Geologischer Rahmen von Großreifling	107
6.6	Rätsel um Fischsaurier von Großreifling – der verschwundene Kopf	110
6.6.1	Fischsaurier in Flammen	112
6.7	Klimakatastrophe im Geopark Steirische Eisenwurzen – die Karnische Krise	116
6.7.1	Weltweite Klimakrise mit fatalen Folgen	116
6.7.2	Konservat-Lagerstätte von Weltruf	119
6.8	Schmuckschnecken von Hieflau – *Trochactaeon* am Rudistenriff	122
6.8.1	Rudisten als Bioherme	122
	Weiterführende Literatur	129
7	**Der wilde Osten: Wildalpen**	**133**
7.1	Geschichte von Wildalpen	133
7.2	Beilsteineishöhle	136
7.3	Arzberghöhle	137
7.4	Abgestürzter Meeresboden – Riesenbergsturz von Wildalpen	139
	Weiterführende Literatur	142

Geoparks in Österreich

▶ *UNESCO Global Geoparks sind Gebiete, deren Landschaft und Vorkommen von Gesteinen von internationaler Bedeutung sind. Auch in Österreich gibt es drei Geoparks, die diese Auszeichnung tragen.*

Das Besondere an einem Geopark ist der unmittelbare Einblick in geologische Vorgänge und damit in die Erdgeschichte. Der Erlebniswert ist enorm, Fossilien im ursprünglichen Gestein zu sehen und etwas über deren geologisches Alter und ihre Lebensräume zu erfahren. Ebenso faszinierend ist es, die Hintergründe von Strukturen oder Gesteinsstrukturen im Gestein, Höhlen und Lagerstätten kennen zu lernen oder einfach zu erfahren, wie die Landschaft entstanden ist!

Laut Definition der UNESCO ist ein UNESCO Global Geopark „ein Gebiet mit festgelegten Grenzen, dessen Landschaft und natürliche Vorkommen von Gesteinen international von wissenschaftlicher Bedeutung sind. Der Schutz dieses bedeutenden wissenschaftlichen Erbes und seine Vermittlung in Bildungseinrichtungen und -programmen sind wesentliche Voraussetzungen für die nachhaltige Entwicklung einer Region."

Mit seiner Gründung im Jahr 2000 umschrieb das Europäische Geopark-Netzwerk seine Zielsetzungen: „Die Bewahrung des geologischen Erbes europäischer Landschaften und die nachhaltige Regionalentwicklung durch die Förderung von Geotourismus und Umweltbildung. Das erdgeschichtliche Erbe als Leitthema wird stets in Verbindung mit kulturgeschichtlichen Aspekten, naturräumlichen Besonderheiten und der Nutzung landschaftlicher Ressourcen gesehen. Ein wesentliches Ziel ist auch die Kooperation der Geoparks auf regionaler und internationaler Ebene, insbesondere in den Bereichen Geotourismus, Öffentlichkeitsarbeit und Regionalentwicklung."

In Österreich gibt es drei UNESCO Global Geoparks (Abb. 1.1). Diese sind von großer landschaftlicher Vielfalt, und jeder für sich bietet ideale

Abb. 1.1 Übersichtskarte der UNESCO Global Geoparks in Österreich. (G. Kirchmair)

Möglichkeiten, die rund 470 Mio. Jahre geologischer Geschichte des Alpenraums zu erleben.

Der im Süden Österreichs und im angrenzenden Slowenien gelegene grenzüberschreitende Geopark Karawanken/Karavanke durchläuft von West nach Ost die Periadriatische Naht, eine der bedeutendsten Verschiebungszonen von Gebirgsteilen der Alpen. Auf engstem Raum befinden sich hier Gesteine unterschiedlichsten Ursprungs, welche der Landschaft eine außergewöhnliche Vielfalt verleihen.

Der UNESCO Global Geopark Erz der Alpen liegt im Salzburger Innergebirge, nur 30 min von der Stadt Salzburg entfernt. Auf dem Kupferweg kann man in einer einwöchigen Tour alle geologisch – landschaftlich – kulturellen Höhepunkte erwandern, auf Hütten übernachten und die Produkte der Genussregion Wild entdecken. Dieser Geopark liegt fast zur Gänze innerhalb der aus Schiefern des Erdaltertums bestehenden Grauwackenzone. Er weist als Alleinstellungsmerkmal den prähistorischen und historischen Bergbau sowie eine mannigfaltige montanhistorische Vergangenheit auf. Stollen, Schmelzplätze, Siedlungsreste und vieles mehr zeugen von einstmals gesamteuropäischer Bedeutung als Rohstofflieferant

Abb. 1.2 UNESCO Global Geopark Erz der Alpen, Exkursion auf den Hochkönig. (H. Ibetsberger)

und bilden heute zusammen mit der einzigartigen Bergwelt des Hochkönigmassivs mit dem Gletscher der „Übergossenen Alm" die Grundlage der geotouristischen Aktivitäten (Abb. 1.2).

Und schließlich reiht sich der Natur- und Geopark Steirische Eisenwurzen in den Reigen der österreichischen UNESCO Global Geoparks ein (Abb. 1.3). Er liegt in den Nördlichen Kalkalpen, ist geprägt von tiefen Schluchten in Dolomit und Kalk und trägt mit einer riesigen Karstquelle wesentlich zur Trinkwasserversorgung der Bundeshauptstadt Wien bei.

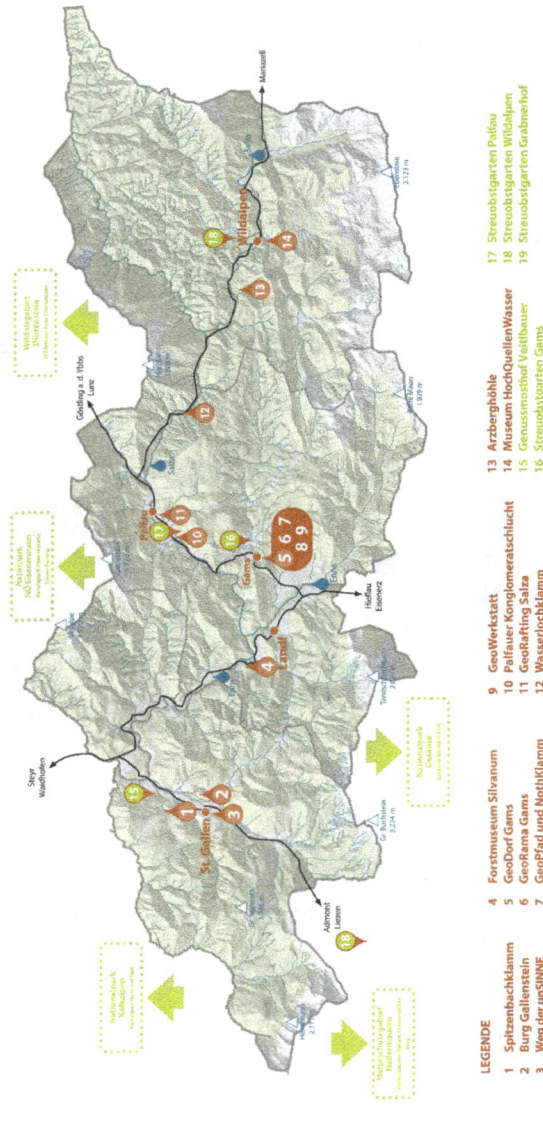

Abb. 1.3 Übersichtskarte Natur- und Geopark Steirische Eisenwurzen. (mostmedia)

Verhaltensregeln im Natur- und Geopark

Das Motto des Natur- und Geoparks Steirische Eisenwurzen ist „Wild und sanft" – wild wie das ungebremste Wasser der Salza und sanft wie die gepflegte Kulturlandschaft, die von Streuobstwiesen und Almen geprägt ist.

Der Natur- und Geopark Steirische Eisenwurzen ist ein Schutzgebiet zum Erhalt wertvoller Ökosysteme. Wenn wir als Besucher:innen den Lebensraum von Tieren und Pflanzen sauber halten, halten wir auch unseren eigenen Lebensraum sauber, denn wir sind Teil dieser Ökosysteme. Am deutlichsten wird unsere Abhängigkeit von der Natur am Beispiel der Kläfferquelle in der Natur- und Geoparkgemeinde Wildalpen, die als eine der größten Trinkwasserquellen Mitteleuropas die Bundeshauptstadt mit frischem Wasser versorgt.

Zwölf Verhaltensregeln für Besucher:innen:

- Respektvoller Umgang: Vermeide Lärm und halte Abstand zu Wildtieren und Nutztieren.
- Nichts mitnehmen: Tiere, Pflanzen, Pilze, Steine und Fossilien gehören hierher und sollen an Ort und Stelle bleiben.
- Eigentum respektieren: Hütten, Wiesen, Wälder und Almen sind im Besitz von Land- und Forstwirt:innen. Indem du dich an Schilder, Markierungen und Wege hältst, respektierst du dieses Eigentum. Durch das Schließen von Almgattern hilfst du mit, die einzigartige Kulturlandschaft zu erhalten.
- Hunde anleinen: Auch unsere Haustiere stellen einen menschlichen Einfluss dar. Deshalb muss dein Vierbeiner angeleint sein.
- Markierte Wege: Markierungen entlang der Wanderwege sorgen für deine Orientierung und schützen Gebiete, die nicht betreten werden sollen.
- Sperrgebiete berücksichtigen: Aufgrund von Jagd und Forstarbeiten können einzelne Gebiete vorübergehend gesperrt sein. Halte dich an Verbotsschilder und betritt diese Gebiete nicht. Der Natur- und Geopark, Tourismusverband und Grundbesitzer:innen sind darum bemüht, befristete Sperren frühzeitig zu kommunizieren. Bitte informiert euch vor einer Tour.
- Brandgefahr: Offenes Feuer kann Flächenbrände verursachen. Benutze ausschließlich vorgesehene Lagerfeuerplätze und Grilleinrichtungen.

- Forststraßen nicht befahren: Nichtöffentliche Straßen (dazu zählen auch Forststraßen) und Wege dürfen ohne schriftliche Fahrgenehmigung nicht befahren werden.
- Abstellen von Wohnwägen: Campen ist nur auf ausgewiesenen Campingplätzen erlaubt.
- Nachtruhe einhalten: Nachts solltest du dich nicht in freier Natur aufhalten. Das gilt speziell für den Wald. Zum Schutz von Wildtieren und zu deinem eigenen Schutz sollten Spaziergänge und Wanderungen nicht in der Zeit zwischen der Abend- und der Morgendämmerung stattfinden. Ausnahmen bilden hier zum Beispiel geführte Nachtwanderungen.
- Kein Müll: Zigarettenstummel, Taschentücher, Jausenpapier, Essensreste, Flaschen und Verpackungsmaterial dürfen nicht in der Natur entsorgt werden. Anfallender Müll muss eingepackt und in einen Abfalleimer geworfen werden.
- Anweisungen befolgen: Wenn du von Mitgliedern der Steiermärkischen Berg- und Naturwacht oder von Forst- bzw. Jagdschutzorganen eine Aufforderung erhältst, ist dieser Folge zu leisten.

Neben allgemeinen Verhaltensregeln gelten spezielle Regeln für den Besuch unserer Schauhöhlen:

Höhlen sind etwas ganz Besonderes mit einzigartiger Geologie, Flora und Fauna. Höhlen sind deswegen auch geschützt. Nur manche sind als Schauhöhle ausgewiesen, so zum Beispiel die Kraushöhle im GeoDorf Gams oder die Arzberghöhle in Wildalpen.

Ein Höhlenbesuch muss so geplant werden, dass die Höhle, das Höhleninventar und die Lebewesen in der Höhle nicht gefährdet werden. Geschulte Höhlenführer zeigen bei einer geführten Tour die Besonderheiten der Schauhöhlen. Die Kraushöhle ist dabei mit einem guten Pfad ausgebaut und erlebbar. Trotzdem sind warme Kleidung und gutes Schuhwerk ein Muss. Zusätzlich gibt es vom Höhlenführer noch eine Lampe, damit man überhaupt durch die Höhle findet. Die Arzberghöhle ist etwas spezieller, da bedarf es schon einer besseren Kondition und Ausrüstung: Ein Minimum sind Handschuhe und ein Helm sowie warme Kleidung und gutes Schuhwerk. In allen Höhlen dürfen vorhandene Tropfsteine oder Kristalle nicht berührt und Tiere wie Fledermäuse nicht unnötig in ihrer Ruhe gestört werden. Müll und andere Gegenstände müssen wieder mitgenommen werden. Ist das Interesse gegeben (z. B. für wissenschaftliche Zwecke), andere Höhlen als die Schauhöhlen zu erkunden, ist Rücksprache mit der zuständigen Behörde (Bezirkshauptmannschaft Liezen) zu halten. Film- oder Fotoprojekte sind für gewöhnlich kein Problem, eine vorherige Absprache mit den Betreibern ist zu beachten.

Mineralien und Fossilien sind nach dem Naturschutzgesetz geschützt. Besonders hohen Schutz genießen die Naturdenkmäler im Natur- und Geopark. Dazu zählt die Palfauer Wasserlochklamm, die Spitzenbachklamm in Sankt Gallen, die Nothklamm im GeoDorf Gams, die dortigen Gesteinsschichten mit fossilen Tiervorkommen sowie eine Flintenstein-Abbaustelle in Gams und der Mühlbach in der Gemeinde Landl.

Der Schutz von Pflanzen, Pilzen und Tieren ist in der Steiermark nach dem Naturschutzgesetz geregelt. Gewisse Arten sind sehr selten und müssen deswegen geschützt werden, um sie vor dem Aussterben zu bewahren. Welche Arten geschützt sind, findet man in der Letztversion auf der Homepage der Naturschutzabteilung des Landes Steiermark.

Bei Beeren, Pilzen und Blumen, welche für den Hausgebrauch gesammelt werden dürfen, ist eine gewisse Obergrenze zu beachten. Maximal ein Handstrauß ist bei teilweise geschützten Pflanzen erlaubt. Pilze und Beeren und sonstiges Waldobst (z. B. Edelkastanien) sind grundsätzlich Eigentum des Waldbesitzers. Wenn aber der Waldeigentümer das Sammeln von Pilzen oder Waldfrüchten nicht ausdrücklich (etwa durch Hinweistafeln) untersagt, beschränkt oder hierfür ein Entgelt verlangt, ist das Aneignen von Pilzen und Früchten zivilrechtlich zulässig und entgeltfrei. Die Zustimmung des Waldeigentümers zum Sammeln (für den Eigenbedarf) ist anzunehmen, wenn es dieser stillschweigend duldet. Bei Pilzen gilt eine Obergrenze von 2 kg pro Tag.

Der Flussuferläufer ist ein seltener Vogel, der am Ufer der Salza lebt und brütet (Abb. 1.4). Speziell die Schotterbänke entlang des Gebirgsflusses sind ein hochsensibler Lebensraum. Um diese seltene Brutvogelart zu schützen, ist beim Besuchen des Ufers und beim Wassersport auf der Salza besondere Vorsicht geboten, vor allem im Zeitraum zwischen Mitte April und Ende Juli: Eier und Jungtiere sind so gut getarnt, dass man sie sehr leicht übersehen kann – mit fatalen Folgen. An der Salza sind daher vorgegebene Ein- und Ausstiegsstellen dringend einzuhalten, und das Betreten der Inseln und Schotterbänke ist zu vermeiden. Bitte auch keine Lagerfeuer auf den Schotterbänken entzünden.

Abb. 1.4 Junge Flussuferläufer sind wie auch die Eigelege auf Schotterbänken gut getarnt und damit leicht zu übersehen. (R. Thaller)

> Diese Verhaltensregeln mögen auf den ersten Blick ziemlich umfangreich erscheinen, sind aber wichtig, um dem Motto der Naturparke „Schützen durch Nützen" gerecht werden zu können und ein gutes Miteinander für alle zu ermöglichen.

Adressen
Natur- und Geopark Steirische Eisenwurzen GmbH
Markt 35
8933 Sankt Gallen
Tel.: +43 36327714
E-Mail: naturpark@eisenwurzen.com
www.eisenwurzen.com

Weiterführende Literatur

Tourismusverband Gesäuse
Infobüro Admont
Hauptstr. 35
8911 Admont
Tel.: +43 36132116010
E-Mail: info@gesaeuse.at
www.gesaeuse.at/

Infobüro Salza
Wildalpen 91
8924 Wildalpen
Tel.: +43 6645100589
E-Mail: infosalza@gesaeuse.at

Steiermärkische Berg- und Naturwacht
Herdergasse 3
8010 Graz
Tel.: +43 316383990
E-Mail: office@bergundnaturwacht.at
www.bergundnaturwacht.at

Global Geoparks Network International Association
Musée Promenade, Montée B. Dellacasagrande
04000 – Digne les Bains (Frankreich)
Tel.: +30 2251047033
E-Mail: ggnsecretariat@hotmail.com/ggnassociation@hotmail.com
www.visitgeoparks.org/

Österreichische UNESCO-Kommission
Universitätsstr. 5/4. Stock/12
1010 Wien
Tel.: +43 15261301
E-Mail: oeuk@unesco.at
www.unesco.at

Geopark Karawanken
Hauptplatz 7
9135 Bad Eisenkappel
+43 4238823915
E-Mail: office@geopark-karawanken.at
www.geopark-karawanken.at

Geopark Erz der Alpen
Franz-Mohshammer-Platz 12
5500 Bischofshofen
Tel.: +43 646220291
E-Mail: info@geopark-erzderalpen.at
www.geopark-erzderalpen.at

Weiterführende Literatur

Hejl E, Ibetsberger H, Steyrer H (Hrsg) (2018) UNESCO Geoparks in Austria. Verlag Dr. Friedrich Pfeil, München, S 137–173

Wild und sanft – die Steirischen Eisenwurzen

2.1 Eine gewandelte Kulturlandschaft

Das Gebiet der Steirischen Eisenwurzen ist eine beeindruckend schöne inneralpine Landschaft. So zeitlos diese Region erscheint, so wandelbar ist sie, wenn man ihre Geschichte über längere Zeiträume betrachtet. Jede Zeit hat ihre Spuren hinterlassen. Jeder erdgeschichtliche und historische Abschnitt hat die Landschaft und ihre Bewohner geformt und erklärt viele der heutigen Gegebenheiten.

Während wir in den weiteren Kapiteln dieses Buches mehr über die Erdgeschichte der Region erfahren, widmet sich dieses Kapitel einem kurzen Abriss der kulturhistorischen Entwicklung des Gebietes.

Die Geschichte der Steirischen Eisenwurzen reicht tief in die Vergangenheit zurück. Funde aus der Arzberghöhle in Wildalpen legen nahe, dass bereits vor etwa 30.000 Jahren der Mensch das Gebiet um den Hochschwab besiedelte. Danach gibt es kaum Belege, einen wesentlichen Schritt in der Besiedelung der Region bildete erst die Gründung von Stift Admont im Jahr 1072.

Über Jahrhunderte hinweg prägten der Abbau von Erzen und die Verarbeitung von Eisen die Wirtschaft und das Leben der Menschen in dieser Region. Im 15. und 16. Jahrhundert bildeten Hammerwerke und Hochöfen zur Erzverarbeitung, Driftrechen in den Flüssen zur Holzbringung und Kohlemeiler zur Herstellung von Holzkohle und die dazugehörigen Transportwege die wichtigste Infrastruktur in der Steirischen Eisenwurzen. Der Bergbau blühte in der Eisenwurzen, insbesondere im 18. und 19. Jahrhundert, und die Region war ein bedeutendes Zentrum für die Eisenproduktion (Abb. 2.1). Die rauchenden Schornsteine der Hütten und das Klirren der Hämmer waren Symbole des wirtschaftlichen Wohlstands, aber auch Zeugen der harten Arbeit und der Umweltauswirkungen. Während

Abb. 2.1 Eisenproduktion als treibender historischer Wirtschaftsfaktor der Region im Österreichischen Forstmuseum Silvanum in Großreifling. (S. Leitner)

der Blütezeit des Bergbaus wurden große Waldflächen gerodet, um den enormen Bedarf an Holzkohle für die Eisenverarbeitung zu decken. Dieser Kahlschlag hatte nicht nur erhebliche Auswirkungen auf die biologische Vielfalt, sondern prägte auch das Landschaftsbild der Region zu dieser Zeit. Im Laufe der Zeit, insbesondere mit dem Niedergang des Bergbaus und der Umstellung von Holzkohle auf Steinkohle, erholen sich die Waldbestände und bilden heute den überwiegenden Teil und prägende Kulturlandschaftselement. Im Vordergrund steht die nachhaltige Waldbewirtschaftung. Durch Bemühungen des Naturschutzes ist der Natur- und Geopark Steirische Eisenwurzen heute eingebettet zwischen den Nationalparks Gesäuse und Kalkalpen sowie dem Wildnisgebiet Dürrenstein-Lassingtal als hochrangige Schutzgebiete und beherbergt selbst mehrere Naturschutzgebiete, Naturdenkmäler und Europaschutzgebiete.

Museen der Region
Die Geschichte der Forstwirtschaft, Flößerei und Köhlerei sowie die Gewinnung und Verarbeitung von Eisenerz, welche die Region wirtschaftlich lange Zeit prägten, kann im Österreichischen Forstmuseum Silvanum

2.1 Eine gewandelte Kulturlandschaft

Abb. 2.2 Das Österreichische Forstmuseum Silvanum gibt Einblicke in die Forstwirtschaft und die hiesigen Wälder. (S. Leitner)

in Großreifling (Abb. 2.2) und im Köhlerzentrum Hieflau mit zahlreichen Ausstellungsstücken hautnah erlebt werden. Den Weg des Wiener Wassers und den Bau der II. Wiener Hochquellenleitung bekommt man eindrucksvoll an interaktiven Stationen im Museum HochQuellenWasser in Wildalpen vermittelt. Im selben Gebäude befindet sich auch das Heimatmuseum in Wildalpen, in dem anhand zahlreicher Exponate die Geschichte Wildalpens dokumentiert wird (Abb. 2.3). Gleich daneben befindet sich eine Ausstellung zum Thema Wald und Wasser, über die besonderen Quellschutzwälder der Stadt Wien. Im GeoRama im GeoDorf Gams kann die Erdgeschichte im Zeitraffer erlebt werden und Besucher:innen finden Informationen zur Geologie der Region auf den Punkt gebracht, perfekt zur Vor- oder Nachbereitung für eine Wanderung durch die Nothklamm.

Die offene Landschaft der Steirischen Eisenwurzen besteht vorwiegend aus Dauergrünland, also Wiesen und Weiden, wobei Almflächen mehr als die Hälfte von diesen ausmachen. Diese idyllischen Bergwiesen und Almweiden sind nicht

Abb. 2.3 Anschauungsobjekte im Museum HochQuellenWasser und im Heimatmuseum in Wildalpen – Zeugen der Kulturgeschichte der Eisenwurzen. Copryight Stefan Leitner – Gesaeuse

2.1 Eine gewandelte Kulturlandschaft

nur Lebensraum für eine Vielzahl von besonderen Pflanzen- und Tierarten, sondern spiegeln auch die traditionelle Bewirtschaftung und nachhaltige Nutzung wider. Die Almen sind nicht nur landschaftlich reizvoll, sondern auch ein integraler Bestandteil des kulturellen Erbes. In den Tälern waren Streuobstwiesen in der Vergangenheit wichtig für die Versorgung mit frischem Obst. Durch eine verbesserte Nahversorgung verloren diese im 20. Jahrhundert an Bedeutung. Viele Bestände verfielen und mussten einer anderen Nutzung weichen. Durch Initiative des Naturparks erlebt diese Obstkultur einen neuen Aufschwung, denn Streuobstwiesen, die von einer Fülle verschiedener und regionaler Obstsorten geprägt sind, bieten einen vielfältigen Lebensraum für zahlreiche Tier- und Pflanzenarten und tragen zur Schönheit und Charakteristik der Region bei.

Auch die Gewässer können hier als Teil der Kulturlandschaft betrachtet werden. Mit ihrem wenig verbauten und wilden Charakter ist die Salza ein besonderes Flussjuwel, wie man es nur noch an wenigen Stellen in Mitteleuropa findet. Durch steile Canyons im Konglomeratgestein windet sich das türkisblaue Wasser der Salza und lockt damit eine Vielzahl an Kajak- und Raftinggästen während der Sommermonate an. Ein besonderes Alleinstellungsmerkmal ist das sogenannte GeoRafting, bei dem die Erdgeschichte auf dem Raftingboot erlebt werden kann.

Ende des 19. Jahrhunderts wurde mit dem Bau der II. Wiener Hochquellenleitung begonnen. Ganze 200 Mio. l Wasser fließen täglich von der Kläfferquelle in Wildalpen auf einer beeindruckenden Strecke von etwa 120 km nach Wien und versorgen dort die Einwohner mit frischem Trinkwasser. Im Museum HochQuellenWasser in Wildalpen kann man an multimedialen Stationen den Weg des Wassers nachverfolgen und alles zum meisterhaften Bau der Wasserleitung erfahren. Ein weiterer Besuchermagnet zum Thema Wasser ist die Palfauer Wasserlochklamm, welche eine starke Karstquelle beherbergt. Von dort aus fließen die Wassermassen über fünf große Wasserfälle in die Tiefe, wo sie schließlich in die Salza münden.

Adressen
Österreichisches Forstmuseum Silvanum
Großreifling 22
8931 Landl
Tel.: +43 3633220140 oder 36332455
E-Mail: tourismus@landl.gv.at
www.forstmuseum.at

Museum HochQuellenWasser Wildalpen
Säusenbach 14
8924 Wildalpen
Tel.: +43 363645131871 oder 676811832923
E-Mail: museum.wal@ma31.wien.gv.at
https://www.wien.gv.at/wienwasser/bildung/wildalpen/

GeoDorf Gams
GeoWerkstatt und Kassa
Akogel Str. 250
GeoRama
Gams 120
8922 Gams bei Hieflau
Tel.: +43 3633220150
E-Mail: geodorf@landlkg.at
www.geodorf.com

Wasserlochklamm Palfau
Palfau 69
8923 Landl
E-Mail: wasserloch@landlkg.at
www.wasserlochklamm.at

Weiterführende Literatur

Grabner A (1960) Geschichte der Gemeinde Wildalpen. Selbstverl d Verf, 1–105
Haberleitner O, Brandauer H. (1952) St. Gallen und das St. Gallener Tal: ein Kleinod der Obersteiermark. Fremdenverkehrsverein, St. Gallen 1–121
Hasitschka J (2014) Chronik von Hieflau. Vom Werden und Vergehen eines Industriestandortes. Eigenverl. Gem. Hieflau, Hieflau, 1–372

3 Erdgeschichtlicher Überblick

> Es klingt paradox, aber die Alpen verdanken ihre Entstehung dem fortschreitenden Zerfall des Großkontinents Pangäa am Ende des Paläozoikums. Zusätzlich war eine plattentektonische Drehung Afrikas von entscheidender Bedeutung für die kleinen Kontinente im Süden Ur-Europas und damit für den Alpenraum. Der heutige Alpenbogen ist das Ergebnis langsamer Plattenbewegungen.

Abgelagert wurden die Gesteine der Kalkalpen am Rand eines Kleinkontinents im Süden von Ur-Europa am mehr oder weniger tiefen Meeresboden. Die Kollision zweier Kontinente bewirkte die Hebung eines Gebirges, bei der die Kalkalpen mitsamt der Grauwackenzone, immer noch vom Meer bedeckt, gegen Norden und Nordosten, weit über den Rand Ur-Europas, geschoben wurden (Abb. 3.1). Dabei zerlegten sich die tektonischen Einheiten der Kalkalpen-Vorläufer in mehr oder minder große Abschnitte, die sich oft hunderte Kilometer übereinanderschoben. Dies sind die berühmten „Decken" der Alpen. Ein der markanten Deckengrenzen befindet sich am Nordrand der Gesäuseberge.

3.1 Der Gesteinsbestand und ihre zeitliche Entstehung

Der Natur- und Geopark Steirische Eisenwurzen liegt zur Gänze innerhalb der Nördlichen Kalkalpen, in der obersten Hülle des alpinen Deckenstapels. Die hier vorkommenden Gesteine stammen größtenteils aus dem Erdmittelalter, Mesozoikum.

3.1.1 Perm – versalzenes Ende von Pangäa

Das Perm ist die letzte Periode in der Ära des Erdaltertums (Paläozoikum). Als dieses zu Ende ging, war auch die Lebenszeit des Gesamtkontinents Pangäa erreicht, und dennoch war dies gleichzeitig die Geburtsstunde der Alpen.

Mit dem Absinken des Kontinentes in Äquatornähe und der Öffnung zum Meer hin entstanden seichte, oft abgetrennte Meeresbuchten. Immer wieder überschwemmte das Meer diese großen, flachen und langsam absinkenden Lagunen. Im heißen Klima verdunstete das Meerwasser, und aus seinen Mineralstoffen bildeten sich Steinsalz und Gips. Wir finden Gips an vielen Stellen des Natur- und Geoparks, etwa bei Gams bei Hieflau und an der Salza bei Palfau. Schon im 12. Jahrhundert wurde in Weißenbach im Ortsgebiet Sankt Gallen, Steinsalz gewonnen.

Diese als Haselgebirge bezeichneten evaporitischen Gesteine – Steinsalz und Gips – an der Basis der Kalkalpen spielen bei der Auffaltung der Alpen Millionen Jahre später eine wichtige Rolle als Gleithorizont unter einem gewaltigen, mesozoischen Karbonatgesteinsstapel.

3.1.2 Trias – rauer Anfang und mächtige Karbonatproduktion

Zu Beginn der Trias, des ältesten Zeitabschnitts des Erdmittelalters, lagerten Flüsse grüne und rote Tone sowie Sand aus den großen Wüstengebieten im Inneren des Kontinents Laurasia auf dem viele Kilometer breiten und flachen Strand am Rand einer riesigen Bucht des Tethys Meeres ab. Nach etwa 3 Mio. Jahren derartiger Ablagerungen entstanden im seichten Meer salz- und gipsreiche, teilweise bituminöse Karbonate, die als Rauwacken bekannt sind. Der Fossilinhalt beschränkt sich auf Plankton (das für den Bitumengehalt verantwortlich ist), wie das auch in der darauffolgenden Karbonatentwicklung der Fall ist, aus der dunkle Gesteine der Gutenstein-Formation (Kalk und Dolomit) hervorgehen.

Mit dem fortschreitenden Absinken des Untergrunds vor 240 Mio. Jahren überflutete das Meer die Strandlandschaft zur Gänze, und es entstand eine flache, viele Hundert Kilometer lange Lagune mit einem Korallenriff, ähnlich dem heutigen Great Barrier Riff vor der Ostküste Australiens, zum offene Meer. In dieser Lagune begann im flachen Wasser die Ablagerung von Kalk und Dolomit, den vorherrschenden Gesteinen der Kalkalpen. Eines der ältesten Gesteine ist der nach dem Vorkommen von Großreifling im Natur- und Geopark benannte Reiflinger Kalk. Er ist dunkelgrau und besteht aus dünnen Bänken. Dünne Lagen von grünlichem Ton zwischen den Kalkbänken zeugen von fernen Vulkanausbrüchen.

3.1 Der Gesteinsbestand und ihre zeitliche Entstehung

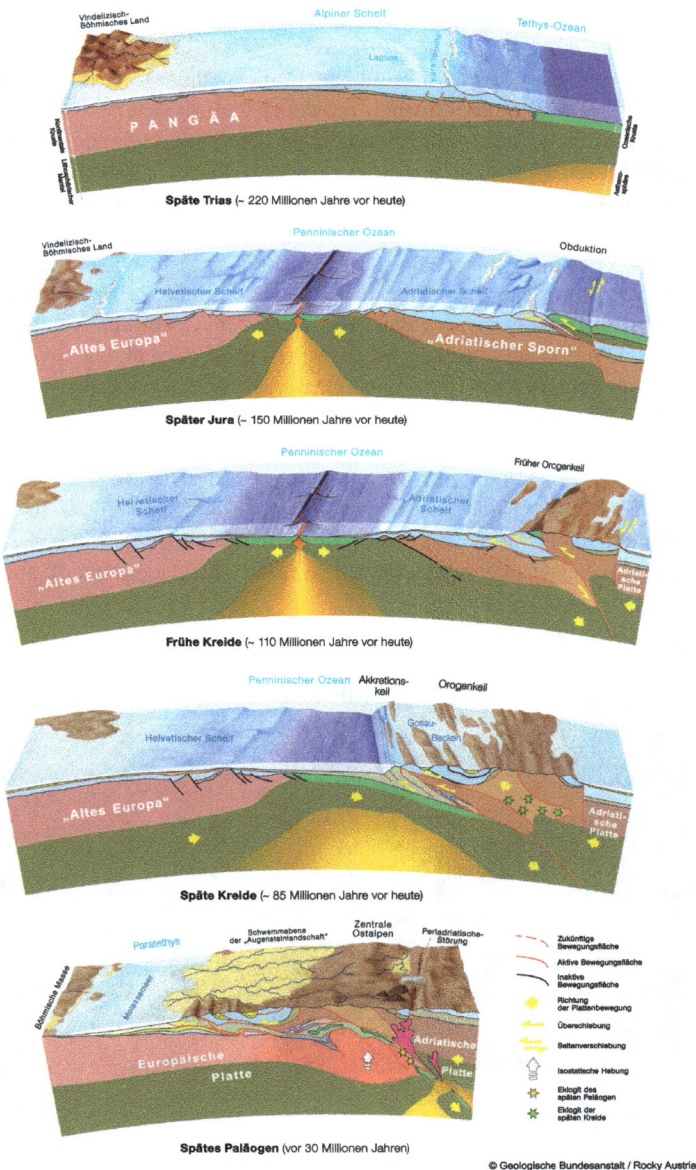

Abb. 3.1 Gebirgsbildung der Alpen. (Rocky Austria / Geosphere Austria)

Charakteristisch sind die unregelmäßig geformten, dunkelgrauen Hornsteine im Kalk. Entstanden sind sie aus den aufgelösten Kieselskeletten von Strahlentierchen (Radiolarien) und Meereschwämmen (Demospongiae) mit kieseligem Skelett. Da die Ablagerungen (Sedimente) auf dem Meeresboden noch weich waren, konnten sie im Zuge der Gesteinsbildung nahezu beliebige Formen bilden, bevor sie zum glasharten Hornstein verfestigt wurden (Abb. 3.2). Ebenso bekannt ist der Fund eines Fischsauriers nahe Großreifling aber noch aufregender ist seine rätselhafte Geschichte nach seinem Fund (mehr dazu im Kapitel 6.6).

Die ganze Trias hindurch senkte sich langsam der Meeresboden. Es waren nur Bruchteile von Millimetern im Jahr, dies aber über einen Zeitraum von nahezu 45 Mio. Jahren. Trotzdem wurde das Meer nicht tiefer, denn die Ablagerung der Kalkreste von Algen und von Meerestieren glich diese Absenkung aus. Eine Vorstellung davon geben die angrenzenden Gesäuseberge. Hier wurden in der Trias etwa 3000 m an Gesteinen, mehrheitlich oder zum Großteil in seichtem Wasser, abgelagert. Es sind vor allem zwei Arten von Gesteinen: Im tieferen Teil des Gesäuses ist es Dolomit. Im Dolomit treten kaum mächtige Felsen auf, er zeigt starke Zerklüftung und ist von vielen Rinnen und Gräben durchzogen. Im steilen Gipfelbereich mit seinen schroffen Felsen befinden sich die bei Kletterern berühmten Felswände des Gesäuses. Sie sind aus Dachsteinkalk aufgebaut.

Abb. 3.2 Hornsteinexponat im GeoRama in Gams. (H. Peterherr)

Charakteristisch sind die 10–20 m dicken Kalkbänke, deren Begrenzungen von der Ferne wie dünne Linien wirken.

Es sind diese beiden wichtigsten Gesteine der Kalkalpen, die wir bereits aus der Ferne unterscheiden können. Unter diesen ist Dolomit das dominierende Gestein im Geopark. Er ist spröde und zerfällt in kleine, eckige Stückchen. Entstanden ist er in lagunären Meeresabschnitten, die durch Korallenriffe weitgehend gegen das offene Meer abgeschnitten waren. Dadurch war der Sauerstoffgehalt des Wassers niedrig und durch die Verdunstung des Wassers vor allem die Steinsalzkonzentration hoch, was zur Folge hatte, dass in diesen Meeresabschnitten kaum Tiere lebten, dafür aber kalkabsondernde Algen in ungeheuren Mengen. Die oft mehrere Hundert Meter dicken aus den Kalkhüllen der Algen bestehenden Ablagerungen wurden unter dem Einfluss von Bakterien zu Dolomit umgewandelt. Wie alle im Meer entstandenen Kalke besteht auch der Dachsteinkalk aus den Bruchstücken von Algen, Korallen, Kalkschwämmen und Muscheln, die von den Wellen mehr oder minder stark zermahlen wurden. Der Dachsteinkalk wurde in einem Meeresabschnitt abgelagert, der ständig mit dem Ozean verbunden war. Circa alle 1000 Jahre wurde die Meeresverbindung unterbrochen. In diesen Zwischenzeiten fand nur geringe Sedimentation statt, oder sie blieb völlig aus. Dadurch entstanden die markanten Grenzen zwischen den weithin sichtbaren Kalkbänken.

3.1.3 Jura – endgültiger Zerfall Pangäas

Vor 200 Mio. Jahren, an der Zeitgrenze Trias-Jura, setzte der endgültige Zerfall des Riesenkontinents Pangäa ein. Durch das zunehmende Wachstum der Ozeane wuchs die Entfernung zwischen den neu entstandenen Erdteilen, und Teile der in der Trias abgelagerten, sehr ausgedehnten Karbonatplattform sanken ab und zerbrachen. Daneben entstand eine Reihe kleiner Kontinente. Auf einem dieser Mikrokontinente befanden sich die bis dahin entstandenen Gesteine der Kalkalpen. Sie waren immer noch vom Meer bedeckt, und es lagerten sich an vielen Stellen neuerlich Gesteine darauf ab, jedoch nicht mehr so flächendeckend wie zuvor. Die großen Ereignisse sind allerdings auch hier nicht spurlos vorübergegangen. Tiefe und seichte Meeresabschnitte folgten dicht nebeneinander, und entsprechend verschiedenartig sind die dort abgelagerten Gesteine. In der Nothklamm in Gams folgen unmittelbar über dem Dachsteinkalk rote Hierlatzkalke mit unzähligen Resten von Seelilien, Tieren aus der Verwandtschaft der Seesterne und Seeigel. Mit langen Stielen waren sie auf dem Meeresboden festgewachsen. Ihre Stiele sind zerfallen, und die Stielglieder sind massenhaft in den roten Kalken zu beobachten. Heute leben Seelilien in Wassertiefen von einigen Hundert Metern. Vergleichbare Wassertiefen werden auch für die Entstehung der roten Kalke in der Nothklamm angenommen. Als Hinweise dafür gelten kleine Kalkknollen, die mit dünnen, schwarzen Manganhäutchen überzogen sind, und zusätzlich kleine Vanadiumkörner, die durch ihren radioaktiven Zerfall in ihrer unmittelbaren Umgebung zur Entfärbung des Gesteins führen. Beide Metalle entstehen in Meerestiefen zwischen 300 und 1000 m. In diesen großen Tiefen wurden außerdem abermals hornsteinreiche Kalke abgelagert.

Gegen Ende des Jura kam es zur plötzlichen Änderung der Wassertiefe, es entstanden Seichtwasserbereiche. Verantwortlich dafür war die Umkehr der tektonischen Plattenbewegung. Die zu dieser Zeit entstandenen weißen bis gelben Kalke bilden einen Höhenzug zwischen Gams und dem tief eingeschnittenen Salzatal mit hohen Felswänden. Diese Kalke bestehen aus den Resten von Organismen, die auch heute nur im seichtesten Wasser leben, wie etwa Korallen und Algen. Dieser Kalk wurde einst als „Wildalpener Marmor" gewonnen. Die glänzend geschliffenen und polierten Flächen im Hochaltar der Pfarrkirche von Sankt Gallen bestehen aus diesem prächtigen Gestein.

3.1.4 Kreide – Meeresboden taucht auf

Vor 145 Mio. Jahren begann der nächste Abschnitt der Erdgeschichte, die Kreidezeit, und damit das Aufsteigen der Alpen über den Meeresspiegel. Vor 90 Mio. Jahren entstand im Süden der Kalkalpen eine Insel- und Beckenlandschaft, die für den Natur- und Geopark von besonderer Bedeutung ist. Die Kalkalpen glitten zu dieser Zeit noch immer langsam gegen Norden. Dabei hoben sich Teile davon, andere senkten sich langsam. Vergleichbar ist dies etwa mit einer Schneedecke auf dem Dach eines Hauses, die langsam zu rutschen beginnt. In absinkenden Teilen des Gebirges sammelten sich Sedimente wie Sand und Ton. Heute liegen diese als Sand-und Tonstein vor. In anderen Becken entstanden bunte Konglomerate. Eines dieser Sammelbecken ist das Gosau Sediment-Becken von Gams bei Hieflau. Fossile Korallen, Schnecken und Muschelschalen zeigen uns, dass das Wasser im westlichen Teil des Gamser Beckens mehrheitlich nur wenige Meter tief war. Völlig konträr dazu ist die Situation im östlichen Teil des Gamser Beckens. Die hier vorkommenden Tongesteine und Sandsteine wurden gegen Ende der Kreidezeit in Meerestiefen um 1000 m abgelagert, was sich bis ins Altpaläogen nicht änderte. Eine Besonderheit des Gamser Gosau-Beckens sind die eingeschalteten Bechermuschelriffe (mehr dazu in Kapitel 6.8.1).

3.1.5 Paläogen – erstes Gebirge

Eine etwa 2 cm dicke schwarzgraue Schicht, die weltweit in der Folge eines gewaltigen Meteoriteneinschlags abgelagert wurde, markiert die Grenze zu diesem neuen Zeitalter, dem Paläogen, das vor 66 Mio. Jahren begann. Infolge dieser globalen Katastrophe wurden drei Viertel des bisherigen Lebens ausgelöscht, die bekanntesten davon waren die großen Dinosaurier (mehr dazu in Kapitel 5.8).

Vor 30 Mio. Jahren waren die Alpen als Mittelgebirge erstmals vollständig aus dem Meer aufgestiegen. Erst in der Folge gab es noch einen Höhenzuwachs, wobei sich das Gebirge auch heute noch hebt, wenn auch mit verminderter Stärke. Würde die Höhe der Nördlichen Kalkalpe ausschließlich von der Hebung abhängen, wäre das Gebirge um ein Vielfaches höher. Wasser, Eis, Temperaturwechsel und vieles mehr zersetzen allerdings die Gesteine und wirken so einem größeren Höhenzuwachs des Gebirges entgegen.

3.1.6 Neogen und Quartär – eisiges Nachspiel und letzter Schliff

Einen wesentlichen Einfluss auf die Landschaftsform hatten die Eispanzer, die sich während der letzten Eiszeiten über die Alpen legten. Das Gebiet des heutigen Natur- und Geoparks lag am östlichen Rand dieser Großvergletscherungen. Am Ende der Gletscher schmolz das Eis, und es entsprangen Bäche und Flüsse. Sie schwemmten riesige Mengen von Gesteinstrümmern und Geröll mit sich, die später aus dem Gletschereis ausaperten. Dort, wo die Strömung nachließ, wurden sie als Schotter abgelagert und füllten die vorhandenen Täler aus. Kalkablagerungen verfestigten später den Schotter zu Konglomerat. Seit dem Ende der jüngsten Eiszeit, der Würm-Eiszeit, ca. 12.000 Jahren erobern die Flüsse wieder ihre ursprünglichen Täler und haben sich bereits tief in das Konglomerat eingeschnitten. Die gebildeten Terrassen fallen steil zu den jeweiligen Flüssen ab und erstrecken sich im Ennstal von Hieflau bis Großraming in Oberösterreich und im Salzatal von Fachwerk bis zur Mündung bei Großreifling. Mit dem Boot unterwegs auf der Salza bekommt man einen einzigartigen Eindruck von den steilen, teils überhängenden Konglomeratwänden.

Eines der jüngsten geologischen Ereignisse der Region ist der Bergsturz von Wildalpen, welcher sich vor weniger als 6000 Jahren ereignete und dort bis heute das Landschaftsbild prägt.

Eine abenteuerliche und spannende Zeitreise durch mehr als 250 Millionen Jahre ist im Natur- und Geopark Steirische Eisenwurzen möglich.

3.2 Geotope

Geotope bilden die Herzstücke der jeweiligen Geoparks. Sie sind gleichzeitig Aushängeschilder und wissenschaftliche Höhepunkte in Geoparks, wie auch dem UNESCO Geopark Steirische Eisenwurzen.

3.2.1 Was sind Geotope?

Geotope sind laut Definition erdgeschichtliche Bildungen, die Erkenntnisse über die Entwicklung der Erde oder des Lebens vermitteln. Sie umfassen Aufschlüsse von Gesteinen, Böden, Mineralien und Fossilien sowie einzelne Naturschöpfungen und natürliche Landschaftsteile. Je nachdem, ob die prägenden Prozesse abgeschlossen oder noch im Gang sind, handelt es sich um statische oder aktive Geotope. Geotope spielen insbesondere in Geoparks eine zentrale Rolle und sind in den vergangenen Jahren mehr und mehr zum Gegenstand von regionalen Bildungs- und Erholungskonzepten geworden. Wichtige Geotope sollen rechtlich geschützt sein; im Steirischen Naturschutzgesetzt werden Geotope unter den Vorschlägen zur Ernennung von Naturdenkmälern gelistet.

3.2.2 Geotope im Natur- und Geopark Steirische Eisenwurzen

Im UNESCO Global Geopark Steirische Eisenwurzen sind bisher 64 Geotope ausgewiesen worden. Der weitaus größte Teil davon, genauer gesagt 42, liegt in der Gemeinde Landl, wobei sich davon wiederum etwa die Hälfte im Ort Gams bei Hieflau befinden, was die Bedeutung des GeoDorfes Gams für den Geopark unterstreicht. Zu den Geotopen in Gams zählen unter anderem die sehr gut erhaltene Kreide-Paläogen-Grenze, ehemalige Abbauplätze für Feuerstein sowie Gagat und Kohle, die Kraushöhle als bekannte Schauhöhle, aber auch zwei weniger bekannte Höhlen, das Bergmandlloch und die Beilstein-Eishöhle. Auch die Nothklamm (Abb. 3.3) sowie der Pitzengraben sind hier wichtige Geotope. Herausragend sind die Fundstellen von Fossilien wie Hippuriten, Korallen, Seelilien, Schnecken und Muscheln aus dem Erdmittelalter.

Im nahe gelegenen Mooslandl wurden Geotope zu Vorkommen von Fossilien aus der Oberkreide, einem großen Bergsturzblock und der eiszeitlichen Terrassenlandschaft, ausgewiesen. In der Ganser Grotte wurden im 19. Jahrhundert Mühlsteine abgebaut. Aufgrund des unterirdischen Steinbruchs und des

3.2 Geotope

Abb. 3.3 Geotop Nothklamm im GeoDorf Gams. (S. Leitner)

Aufschlusses im ältesten der drei Konglomerathorizonte von Landl ist auch die Ganser Grotte ein wesentliches Geotop des Geoparks. Die in der Krippau gelegene Rochusgrotte wiederum ist aufgrund ihrer Verankerung in der Volkskultur bedeutend. Im Ort Großreifling sind vor allem die Meeressaurierfundstelle und die anisische Stufe, mit fossilführenden Schichten, welche von weltweiter Bedeutung zur Alterseinstufung ist, als Geotope zu erwähnen. Auch in Hieflau stehen die fossilen Fundstellen im Vordergrund. Hier sind Hippuritenriff und Schneckenfunde einzigartig und daher als Geotope geschützt. In der großen Gemeinde Landl ist schließlich auch Palfau ein Geotop-Hotspot. Touristische Attraktionen sind die Wasserlochklamm sowie die bei Raftingtouren eindrucksvoll aufragende Konglomeratschlucht (Abb. 3.4) und der „Petrus", eine einzigartige Felsskulptur aus Hauptdolomit. Auch in der Gemeinde Wildalpen finden sich etliche Geotope, die Beachtung verdienen, so etwa der gewaltige Bergsturz von Wildalpen und die daraus resultierten Tomahügel in der Ebene. Die riesige Kläfferquelle ist für die Wasserversorgung von Wien von essenzieller Bedeutung, und in der Arzberghöhle sorgten bedeutende Funde der frühen Menschheitsgeschichte

Abb. 3.4 Konglomeratschlucht der Salza. (S. Leitner)

für Aufsehen. Sankt Gallen hat unter anderem mit der Spitzenbachklamm und der Teufelskirche ebenfalls bedeutende Geotope. Auf einige der genannten und auf viele sehenswerte Geotope wird in den folgenden Kapitel näher eingegangen. In Altenmarkt lässt sich die Kataraktstrecke an der Laussabach-Mündung als Geotop hervorheben.

Weiterführende Literatur

Grube A, Wiedenbein FW (1992) Geotopschutz. Die Geowissenschaften 10:215–219

Schuster, R., Daurer, A., Krenmayr, H. G., Linner, M., Mandl, G. W., Pestal, G., Reitner, J. M. (2019) Rocky Austria. Geologie von Österreich – kurz und bunt. Geologische Bundesanstalt, 1–80

Natur- und Geopark Steirische Eisenwurzen (2023) Geologische Karte https://eisenwurzen.com/inhalte/uploads/geologische_karte_nup-eisenwurzen_de.jpg. Zugegriffen: 07. März 2024

4 Sanfter Westen: Sankt Gallen und Altenmarkt

▶ *Die Gemeinde Sankt Gallen liegt auf einer breiten Hochfläche, umgeben von Wäldern und Wiesen sowie den Gesäusebergen im Westen und den Ausläufern des Reichraminger Hintergebirges im Norden. Weithin sichtbar als markanter Punkt thront die Burg Gallenstein über dem Ort (Abb. 4.1).*

Ehe die Enns nach einem 130 km langen, teils gemächlichen und teils temperamentvollen Lauf durch das steirische Oberland das Bundesland verlässt, zieht sie noch einmal einen großen Bogen in die romantische Gebirgslandschaft. Der Halbkreis, den ihr das tiefgefurchte Flussbett knapp vor der Grenze zu Oberösterreich vorgibt, wird am rechtsseitigen, gut 70 m hohen Steilufer von einer Grünterrasse überragt, die den alten Ort Altenmarkt trägt (Abb. 4.2). Altenmarkt liegt zudem im Dreiländereck von Steiermark, Oberösterreich und Niederösterreich.

4.1 Geschichte von Sankt Gallen, Weißenbach und Altenmarkt

Die Gründung von Altenmarkt wird noch vor den Jahren 1138–1152 vermutet. In dieser Zeit ließ Gottfried von Wetternfeld, Ministeriale Kaiser Konrads III., im Wald, der zuvor gerodet wurde, eine Kirche zu Ehren des heiligen Gallus bauen, die er dann dem Stift Admont schenkte. Das genaue Gründungsdatum des heutigen Ortsteils Weißenbach an der Enns ist nicht bekannt, wohl aber sind erste

Nennungen aus dem 12. Jahrhundert nachweisbar. Am 9. Januar 1277 gab König Rudolf I. die Erlaubnis zum Bau einer Brücke über die Enns, die genau an der gleichen Stelle, an der sich die heutige Ennsbrücke befindet, gebaut wurde. Im Auftrag des Klosters wurde Land urbar gemacht und in Sankt Gallen im Jahr 1278 mit dem Bau der Burg Gallenstein begonnen, welche als Fluchtburg des Stifts Admont benutzt werden konnte (Abb. 4.3). Der Name „Der alte Markt" oder „Altenmarkt" ist urkundlich erstmals im Jahr 1335 nachweisbar erwähnt.

Jahrhunderte hindurch war das Eisenwesen bestimmend für die Wirtschaft des gesamten Raumes. In Sankt Gallen stand die benötigte Wasserkraft zur Verfügung, um das Eisen, das von Eisenerz kam, verarbeiten zu können. Auch Weißenbach profitierte von der Eisenindustrie mit den Hammerwerken und der damit verbundenen Flößerei die Enns abwärts. Im 19. Jahrhundert kam das Ende der Eisenwirtschaft in der Region. Seither bildet der Westen der Region Steirische Eisenwurzen mit großen Betrieben ein regionales Wirtschaftszentrum, aber auch mit dem Tourismus wurde ein weiteres Standbein aufgebaut. Das Festival Sankt

Abb. 4.1 Blick auf Sankt Gallen mit der Burg Gallenstein im Vordergrund. (S. Leitner)

Abb. 4.2 Der Ort Altenmarkt bei Sankt Gallen. (S. Leitner)

Gallen etwa lockt seit mehr als 35 Jahren als Kulturhöhepunkt jeden Herbst zahlreiche Besucher:innen nach Sankt Gallen.

4.2 CSI – Ice Age: Spuren vergangener Eiszeiten

Reisen wir mit den Eisströmen durch die letzten 2,6 Millionen Jahre, deren letzte Großvereisung der Alpen vor etwa 12.000 Jahren zu Ende gegangen ist. Ein ausgedehnter Eispanzer ist über dem Alpenbogen herangewachsen und hat das Gebirge bedeckt (Abb. 4.4). Das Gebiet des Natur- und Geparks Steirische Eisenwurzen lag dabei immer am östlichen Rand der vormaligen Großvereisungen Günz, Mindel, Riss und Würm. Aufgrund dieser speziellen räumlichen Position ist bis heute eine ganze Reihe von Hinterlassenschaften an unterschiedlichen Tatorten zu finden, da in diesem Bereich die Eisströme ins Stocken gerieten.

4.2.1 Woher kam der Eisstrom?

Der Ennstalgletscher wurde im Bereich der Schladminger Tauern mit seinen Seitentälern genährt, bekam dort seine Schubkraft und wälzte sich langsam flie-

Abb. 4.3 Burg Gallenstein. (C. Scheucher)

ßend durch das Ennstal. Einige felsige Erhebungen im Tal wie der Sallaberg bei Aigen im Ennstal oder der Kulm, auf dem die Wallfahrtskirche Frauenberg westlich von Admont thront, wurden von diesem Eisstrom rund geschliffen. Die Gesäuseberge mit ihrem Nadelöhr am Gesäuseeingang waren aber ein zu großes Hindernis, weshalb sich der zurückgestaute Eisstrom bei Liezen teilte. Einem Ast Richtung Norden auf den Pyhrnpass, einem Ast Richtung Süden ins Paltental und einem Ast auf den Buchauer Sattel. Der verbleibende Eisstrom zwängte sich am heutigen Gesäuseeingang zwischen Himbeerstein und Haindlmauer. Östlich davon waren auch noch die Gipfelbereiche der Gesäuseberge kleinräumig eisbedeckt, sorgten so innerhalb der Gesäuseschlucht für Eisnachschub und haben eine Reihe von kesselförmigen Karen hinterlassen (Goferrinne, Haindlkar, Sulzkar, Rossschweif, Ödsteinkar).

4.2 CSI – Ice Age: Spuren vergangener Eiszeiten

Abb. 4.4 Kartenausschnitt mit der genauen Ausbreitung der Eisströme. (Rocky Austria / Geosphere Austria)

> **Dynamik eines Eisstroms**
> Ein Eispanzer wälzt sich der Schwerkraft folgend mit kaum wahrnehmbarer Geschwindigkeit talwärts. Alles, was im Weg liegt, wird aufgenommen und bildet ein wunderbares Schleifmittel. Dadurch hinterlässt jede Gletscherzunge ihre Spuren an Sohle und Flanken. Eis reagiert auf Druck plastisch, auf Zug hingegen spröde. Fließt Gletschereis über Gesteinsschwellen, bricht die spröde Oberfläche auf, und Gletscherspalten entstehen. Verliert der Gletscher an Schubkraft oder schmilzt das Eis, kommt das mittransportierte Material als Grund-oder Endmoräne zu liegen. Durch das langsame Fließen werden große Kräfte mit hoher Transportkapazität entfaltet.

Abb. 4.5 Himbeerstein und Haindlmauer begrenzen am Gesäuseeingang das Admonter Becken. Blick in Richtung Osten – für den ehemaligen Eisstrom ein Hindernis mit Folgewirkung (A. Hollinger)

4.2 CSI – Ice Age: Spuren vergangener Eiszeiten   35

Abb. 4.6 Ehemaliger Teich mit Begrenzungswall, Buchau vlg. Seewald. (W. Riedl)

4.2.2 Schlüsselstelle Gesäuseeingang

Die Talenge zwischen dem Himbeerstein im Norden und der Haindlmauer im Süden (Abb. 4.5) nimmt für den Ennstalgletscher eine bedeutende Rolle mit weitreichenden Folgen ein. Der Eisstrom wird an dieser Stelle zurückgestaut, dabei kommen beide Kalkberge besonders stark unter Druck. Durch den Rückstau verliert der Eisstrom Energie und hinterlässt mitgeliefertes Material, das von Süden her noch vermehrt wird. Nachdem das Eis am Ende der Würm-Eiszeit vor über 12.000 Jahren schmolz, kollabierten die rissigen Felsen des Himbeersteins und füllten diese Talenge mit Kalkschutt und größeren Gesteinsblöcken. Gleichzeitig glitt das angestaute Lockermaterial aus Richtung Süden in das Tal und verschloss diese Engstelle. Damit wurde in weiterer Folge die Enns aufgestaut, und es entstand ein lang gestreckter nacheiszeitlicher See mit über 50 km Länge in Richtung Westen, der rasch mit lockeren Sedimenten aus den Seitentälern gefüllt wurde und die Enns zum Mäandrieren zwang. Zwischen den Flussmäandern baute sich eine ganze Reihe von Hochmooren auf.

4.2.3 Ausweichroute: Buchauer Sattel

Durch die Engstelle am Gesäuseeingang und dem kraftvollen Eisnachschub aus dem Westen wurde eine Eiszunge über den Buchauer Sattel geschoben. Die dabei eingebüßte Energie ließ sehr viel des mittransportierten Materials als bunt zusammengesetzte Grundmoräne mit mehrere Meter großen Blöcken bis hin zu feinem Schluff im Bereich vom Wenger Kletzenberg liegen. Feines Material schaffte es bis über den Buchauer Sattel und formt hier die Grundlage für Moorbildung sowie einer ehemaligen Teichwirtschaft mit Fischzucht im Bereich Seewald (Abb. 4.6). Auch hier verlor der Eisstrom an Kraft. Das Wechselspiel aus Vorstößen und Rückzügen hat als Beweis im Bereich Billbach eine Reihe von Endmoränenwällen hinterlassen sowie einen mehrere Kubikmeter großen Findlingsblock, der die Reise mit dem ‚Eistaxi' von Liezen bis an die heutige Position angetreten hat.

4.2.4 Endstation Eistransport – bitte umsteigen

Gletscherzungen und Eisströme bewegen sich sehr langsam, haben dabei große Energie, um Unmengen an Gesteinsmaterial, das ihnen in die Quere kommt, zu transportieren. Abhängig von der Größe werden Blöcke, Steine und Kies mehr oder weniger weit transportiert. Am Ende der Gletscherzungen bleibt dieses Beutegut so lange liegen, bis genügend Wasser vorhanden ist, um es periodisch weiterzutransportieren. In weiterer Folge werden ganze Täler mit diesem Material gefüllt und durch den Kalkgehalt im (Schmelz-)Wasser oft unterschiedlich stark zu Konglomeraten verbunden. Die Reste dieser Talfüllungen sind heute als markante Terrassenlandschaft erhalten.

Nachdem die älteste Vereisung, die Günz-Eiszeit ihre größte Ausdehnung hatte und sehr große Mengen an Gesteinsmaterial mit dem Transport umgelagert wurden, haben die Terrassen aus dieser Zeit ein höheres Niveau als die der jüngsten Vereisung, der Würm-Eiszeit. Im besten Fall wird das Gesteinsmaterial so gut zu einem Konglomerat verbunden, dass es sich als Bau- und Dekorgestein eignet, wie es in Hieflau (Zeugschmiede) abgebaut wurde.

4.2.5 Terrassen und spektakuläre Schluchten

Die Füllung der Täler im Abstrom der letzten Gletscherzungen mit buntem Gesteinsmaterial, das sich zu Konglomeraten verband, ist an vielen Stellen in einem labilen Gleichgewicht. Im Laufe der letzten 12.000 Jahre flossen enorme Mengen

Wasser die Salza und die Enns hinunter und haben an diesem schwach verfestigten Material genagt. Dabei sind tiefe Schluchten mit senkrechten, teilweise überhängenden Wänden entstanden, die vor allem im Salzatal vom Wasser aus besonders spektakulär sind (Abb. 4.7).

4.3 GeoFood – Kulinarik auf Grundlage der Geologie

Die Voraussetzung für die Nutzung landwirtschaftlicher Flächen erfordert fruchtbaren Boden, der seinerseits aus dem Muttergestein hervorgeht. Die Bewirtschaftung landwirtschaftlicher Flächen in den Tälern des Geoparks ist ein beschwerliches Unterfangen. Einerseits versuchen Bauern, den meist brandgerodeten, steilen Berghängen Gras und Heu abzuringen, andererseits kommen ebene Flächen eiszeitlicher Hoch- und Niederterrassen einer einfacheren und mechanischen Bearbeitung entgegen. Ebene Flächen sind auch als Siedlungsraum und für Industrieanlagen attraktiv und bedrängen die landwirtschaftliche Nutzung.

Abb. 4.7 Eine Konglomeratschlucht begleitet die Salza. (S. Leitner)

Abb. 4.8 Der Genussmosthof Veitlbauer liegt auf einer der günzzeitlichen Terrassen, wo der Obstanbau gedeiht. (S. Leitner)

4.3.1 Was ist die Basis für landwirtschaftliche Produktion?

Das Grundgebirge wird in den Eisenwurzen vorwiegend aus unterschiedlichen Karbonatgesteinen aufgebaut mit recht kargen Böden. Eiszeitliche Ablagerungen in Form von Moränen und ehemals talfüllenden Terrassen bieten im Gegensatz dazu ein größeres Potenzial für tiefgründige und fruchtbare Böden. Dem entsprechend finden wir seit Jahrhunderten die Landnutzung hauptsächlich auf eiszeitlichen Hinterlassenschaften. Oftmals sind diese Standorte klimatisch begünstigt, standortgerechte Sorten der Feldfrüchte sind von Vorteil.

4.3 GeoFood – Kulinarik auf Grundlage der Geologie 39

> **Regionale Kreisläufe**
> „Schützen durch Nützen" ist das Credo im Natur- und Geopark Steirische Eisenwurzen und so wird die Kulturlandschaft in besonderem Maße durch Landwirtschaft geprägt. Mit der Futterproduktion für Tiere wird die Landschaft gepflegt, hochwertige regionale Spezialitäten können hergestellt in der Region durch Veredlung in Wert gesetzt und der Bedarf durch bewusste und kritische Konsumenten gedeckt und die Kaufkraft in der Region gestärkt werden. So entsteht ein attraktiver Lebensraum für Freizeit, wovon auch die Gäste begeistert sind. Die Geologie bildet die Basis zur Bodenbildung, die Landwirtschaft erzeugt und veredelt Lebensmittel.

4.3.2 Terrassen von Sankt Gallen und Weißenbach

Während die ebenen Flächen der würmzeitlichen Niederterrasse von Sankt Gallen bis hin zum Spitzenberg in erster Linie als Siedlungsgebiet mit einem ausgedehnten Marktplatz und im Süden von Industriebetrieben genutzt werden, sind die nördlich angrenzenden Niederterrassen oberhalb von Weißenbach landwirtschaftlich geprägt. Eine Besonderheit für diese Region ist hier die mehrere Hektar große Apfelplantage auf der Hochterrasse vom Veitlbauer (Abb. 4.8). Aus diesem „Apfel(wein)garten mitten im Ennstal", wie ihn die Betreiberfamilie bezeichnet, sind schon preisgekrönte Produkte hervorgegangen. Die bunte Gesteinsmischung der günzzeitlichen Hochterrasse aus kristallinen Geröllen der niederen Tauern bildet dafür die fruchtbare Grundlage für diese edlen GeoFood-Tropfen. Deutlich setzt sich im Gelände die Hochterrasse von der jüngeren Niederterrasse ab. Diese Böschung wird in Form einer traditionellen Streuobstwiese genutzt.

4.3.3 Buchauer Sattel

Auf der Verebnung östlich vom Buchauer Sattel hinterließ der zu Ende gehende und stark abgeschwächte Gletscher als Grundmoräne sehr viel Feinmaterial. Der Untergrund ist hier (wie auf vielen anderen Sätteln der Alpen) sehr dicht, und in den Mulden kann sich Wasser sammeln. In der Vergangenheit wurden aufgrund dieser Eigenschaften rund um das Gehöft Seewald Teiche für die Fischzucht angelegt. Die dafür errichteten Dämme aus Tannenstämmen und Aushubmaterial

Abb. 4.9 Ehemaliger Teich mit angelegtem Wall östlich des Gehöftes Seewald. (W. Riedl)

sind im Gelände noch gut erkennbar. Aufgrund der hohen Seehöhe werden diese Flächen nun landwirtschaftlich als Wiesen genutzt (Abb. 4.9).

4.3.4 Glaziales Hochtal Breitau

Eine spezielle geologische Situation liegt im Hochtal „Breitau" zwischen Sankt Gallen und dem Laussabach vor. Der Untergrund dieses Seitentals hoch über Sankt Gallen wird von Terrassenablagerungen mit Lehmdecken und Roterden aufgebaut, deren Entstehungsalter nicht eindeutig zuzuordnen ist. Auf dieser Grundlage gedeihen hier auf den grünen Wiesen Hunderte von Streuobstbäumen, die vom Landwirt Jaglbauer liebevoll gepflegt und genutzt werden (Abb. 4.10). Die vielen unterschiedlichen Obstsorten werden zu sortenreinen Apfelbränden veredelt. GeoFood ist in diesem Fall hochprozentig.

Abb. 4.10 Beim Jaglbauer in der Breitau, einem eiszeitlich ausgeschürften Hochtal mit traditioneller Streuobstwiesennutzung. (S. Leitner)

4.4 Spitzenbachklamm und Teufelskirche

4.4.1 Spitzenbachklamm

Ein eindrucksvolles Erlebnis ist eine Wanderung durch die Spitzenbachklamm, die auch als „Tal der Schmetterlinge" bekannt ist (Abb. 4.11). Etwa 450 Schmetterlingsarten finden hier einen passenden Lebensraum. Das Spitzenbachtal erstreckt sich von Weißenbach an der Enns in westlicher Richtung bis zum Fuß des Maierecks auf einer Strecke von 5,5 km, wobei es sich auf den letzten 2,5 km zur Klamm verengt. Geologisch begleiten uns auf dieser Strecke taleinwärts im östlichen Teil kalkalpine Gosauschichten in Form von Karbonatbrekzien der Spitzenbach-Formation. Durch ein schmales Band aus Dachsteinkalk getrennt verläuft die Klamm talaufwärts im Hauptdolomit. Das Gestein bildet hier steile, oft senkrechte Wände. Entsprechend der starken Zerklüftung und entlang von Störungsflächen entstehen Felsvorsprünge und Rinnen.

Abb. 4.11 Die Spitzenbachklamm, das „Tal der Schmetterlinge" der Steirischen Eisenwurzen. (H. Peterherr)

4.4 Spitzenbachklamm und Teufelskirche

Die Karbonatbrekzien der Spitzenbach-Formation überlagern die bunten Mergelkalke und Sandsteine der Nierental-Formation. Sie bildet das Anfangsstadium einer klastischen Tiefwasserentwicklung und gliedert sich in einen gebankten, heterogenen, liegenden Abschnitt und eine homogene Brekzie im Hangenden. Sie wird durch die Gießhübel-Formation (Sandstein-Mergel-Tonstein) überlagert. Diese Formationen sind Teil der Gosau Ablagerungen in den Weyrer Bögen.

Karbonatbrekzie

Bei der Spitzenbach-Formation handelt es sich um eine karbonatbrekzienreiche Serie, stratigrafisch zwischen der Brunnbach-Formation im Hangenden und den Schichten der tieferen Gosau im Liegenden eingeschaltet. Ihr Vorkommen konnte bis jetzt lediglich im Südabschnitt der Gosau in den Weyrer Bögen, südlich von Unterlaussa, beobachtet werden. Bei der Namensgebung wurde auf den Spitzenbach, westlich von Sankt Gallen, Bezug genommen, wo die Schichten in einer Klamm fast durchgehend in einer Mächtigkeit von ca. 240 m erschlossen sind. Die Aufschlüsse in der Klamm werden 1982 von Faupl als Typprofil vorgeschlagen. Bereits bei seinen Aufnahmen für die geologische Spezialkarte „Admont-Hieflau" hatte Ampferer (1931, Fig. 30) auf diese mächtige Brekzienserie hingewiesen. Rosenberg (1958, Abb. 1) konnte allerdings die Brekzien aus dem Spitzenbach nur in großen Zügen nach Süden, ins Gebiet der Teufelskirche, verfolgen. Poll stelltl 1972 diese Karbonatbrekzien zur basalen Serie der Gosau Gruppe.

4.4.2 Teufelskirche

Südwestlich von Sankt Gallen liegt in rund 930 m Seehöhe eine altbekannte, sagenumwobene und selten besuchte Höhle, die Teufelskirche (Abb. 4.12). Sie ist über die Spitzenbachklamm oder über das Bergerviertel (Kohlmann) erreichbar. Neben dem spitzbogenähnlichen Eingang wird die mit rund 20 m Länge eher kleine Höhle durch mehrere Deckenluken erleuchtet. Die Höhle ist eine Höhlenruine und liegt im schmalen Dachsteinkalkband, das im Westen in den Hauptdolomit übergeht und im Osten von Gosau-Ablagerungen überlagert wird.

Abb. 4.12 Die Tageslicht erfüllte Höhle Teufelskirche. (W. Riedl)

CSI Steckbrief

Tatort	Teufelskirche über dem Spitzenbach
GPS-Daten	47°40′53.9″N, 14°35′35.0″E
Alter	Trias allgemein
Lithologische Einheit	Dachsteinkalk
Lithologie	Mikritischer Kalk, fossilarm, gebankt
Täter	Wasser, Kohlensäure

CSI Steckbrief

Tatort	Spitzenbachschichten
GPS-Daten	47°41′24.3″N, 14°35′39.4″E
Alter	Campanium, Oberkreide
Lithologische	Spitzenbach-Formation
Lithologie	Karbonatbrekzien
Täter	Plattentektonik, Subduktion – Entstehung von abgeschnürten Becken der Gosau

Adressen
Natur- und Geopark Steirische Eisenwurzen GmbH
(Bürostandort im Gemeindeamt Sankt Gallen)
Markt 35
8933 Sankt Gallen
Tel.: +43 36327714
E-Mail: naturpark@eisenwurzen.com
www.eisenwurzen.com

Wassererlebnispark Sankt Gallen
Bodenweg 64
8933 Sankt Gallen
Tel.: +43 664 52 04 426
E-Mail: office@wassererlebnispark.at
www.wassererlebnispark.at

Festival Sankt Gallen
Steinberg 57
8933 Sankt Gallen
Tel: +43 3632 276
E-Mail: office@festivalstgallen.at
www.festivalstgallen.at

Gasthof Hensle
Markt 43
8933 Sankt Gallen
Tel.: +43 3632 7171
E-Mail: office@hensle.at
www.hensle.at

Gasthof Post
Markt 20
8934 Altenmarkt bei Sankt Gallen
Tel.: + 43 0 36 32 20 484
E-Mail: office@gasthofpost-altenmarkt.at
www.gasthofpost-altenmarkt.at

Geopark-Hotspot Landl: Gams bei Hieflau

▶ *Landl wurde zu Beginn des Jahres 2015 mit den Gemeinden Gams, Hieflau und Palfau fusioniert. Die neue Großgemeinde Landl liegt entlang der Enns inmitten der drei großen Gebirgsmassive Eisenerzer Alpen, Gesäuse und Hochschwab sowie im Norden auch anteilig an den Ybbstaler Alpen. Die besiedelten Ortsteile sind geprägt durch eine abwechselnde Wald- und Wiesenhügellandschaft mit Terrassen entlang der Enns und Salza, wobei im Gemeindegebiet bei Großreifling die Salze in die Enns mündet. Die Besonderheiten des Geoparks in der fusionierten Gemeinde Landl sind so zahlreich, dass diese in zwei Kapiteln abgehandelt werden. Von besonderem geologischem und vor allem paläontologischem Interesse ist der Ort Gams bei Hieflau, auch als GeoDorf Gams bekannt (Abb. 5.1).*

Abb. 5.1 Der Ort Gams bei Hieflau mit dem GeoDorf Gams vor dem 1190 m hohen Akogel. (S. Leitner)

5.1 Geschichte von Gams bei Hieflau

1139 wurde Gams erstmals urkundlich als „Gemze" erwähnt. Der Ausdruck ist vermutlich slawischen Ursprungs und bedeutete damals so viel wie „steinige Gegend" hieß. Vor allem Bajuwaren siedelten sich bis ins 14. Jahrhundert in Gams an. Auch Gams wurde vom Stift Admont ausgehend kolonisiert. Am Ende des 19. Jahrhunderts prägte vor allem der Höhlenforscherpionier Franz Kraus den Ort Gams, welcher unter anderem die nach ihm benannte Kraushöhle der Öffentlichkeit zugänglich machte.

Abb. 5.2 Schwefelquelle am Beginn der Nothklamm. (S. Leitner)

5.2 Höhlen der Steirischen Eisenwurzen – Schätze im Bauch der Berge

Wesentliche Gesteine des Naturparks Steirische Eisenwurzen sind verkarstungsfähige, also wasserlösliche Gesteine der Kalkvoralpen und Kalkhochalpen und prägen das Landschaftsbild in sehr vielfältiger Weise nicht nur an der Oberfläche. Bei der Verkarstung bahnt sich abfließendes Wasser nicht an der Oberfläche, sondern im Untergrund dieser Gesteine seinen Weg, um in mitunter gewaltigen Quellen wieder zutage zu treten. Viele dieser Karsthöhlen sind für den Menschen nicht begehbar. Von den 144 im Naturpark registrierten Höhlen ist hier eine Auswahl der wichtigsten in Gams bei Hieflau erwähnt. Weitere Höhlen in der Gemeinde Landl und in Wildalpen folgen in den nächsten Kapiteln.

5.2.1 Kraushöhle

Die meisten Höhlen sind durch kohlensäurehaltiges Wasser entstanden. Völlig anders die Kraushöhle, die vormals als Annerlbauernloch bekannt war. Sie ist die erste nachweislich durch Schwefelsäure (Abb. 5.2) gebildete Höhle in den Ostalpen, wobei sie sich tief im Hierlatzkalk gebildet hat.

Die Ende des 19. Jahrhunderts vom Höhlenforscher Franz Kraus (wieder-)entdeckte Höhle ist heute für Besucher über einen eigens dafür errichteten Stollen im Rahmen von Führungen zugänglich (Abb. 5.3). Die Kraushöhle im Geo-Dorf Gams zählt zu den sogenannten hypogenen, also von unten entstandenen Höhlen. Aufsteigende heiße schwefelwasserstoffhaltige Tiefenwässer kamen in kleinen Hohlräumen mit Sauerstoff von der Oberfläche zusammen. Dadurch wurde der Schwefelwasserstoff zu Schwefelsäure oxidiert, die gegenüber dem Kalk sehr aggressiv ist und diesen in Gips umwandelt. Der Gips wiederum ist leicht wasserlöslich und wird entweder mit abfließendem Wasser abtransportiert oder reichert sich an Ort und Stelle an. Dadurch hat diese Gipskristallhöhle eine gänzlich andere Form im Vergleich zu jenen, die durch kohlensäurehaltiges Wasser ausgewaschen und ausgelaugt wurden. Während letztere oft lange verzweigte Gänge besitzen, weisen Höhlen, die durch Schwefelsäure entstanden sind, andere typische Merkmale auf, etwa in einem dreidimensionalen Labyrinth um einzelne isolierte Hallen angeordnete Gänge sowie kuppelförmige Deckenstrukturen (Abb. 5.4 und 5.5). Zudem finden sich reichlich Gipskristalle mit teilweise bis zu 30 cm großen Kristallen und andere spezielle Mineralien, die nur unter extrem sauren Bedingungen entstehen können. Der Prozess der Schwefelsäurekorrosion ist in der Kraushöhle seit mindestens 70.000 Jahren nicht mehr aktiv.

5.2 Höhlen der Steirischen Eisenwurzen – Schätze im Bauch der Berge

Abb. 5.3 Eingang zur Kraushöhle mit Höhlenführer Herbert Traisch. (S. Leitner)

Abb. 5.4 Eindrucksvolle Halle in der Kraushöhle. (S. Leitner)

Abb. 5.5 Typische Lösungskolke, die durch aufsteigende Schwefelsäuredämpfe den Kalk gelöst haben. (L. Plan)

Wissenschaftler rund um Lukas Plan sind sich sicher, dass es in der Gegend weitere Höhlenräume gibt, die durch die Wässer einer nahe gelegenen lauwarmen Schwefelquelle entstanden sind und noch immer gebildet werden.

CSI Steckbrief

Tatort	Gams bei Hieflau
GPS-Daten	47°40′03.8″N, 14°48′14.6″E
Alter	Sinemurium, früher Jura, Mesozoikum
Lithologische Einheit	Hierlatz-Formation
Lithologie	Crinoidenkalke, Packstones bis Grainstones
Täter	Schwefelsäuredämpfe

5.2.2 Bergmandlloch

Eine 796 m lange und 46 m Tiefe Höhle liegt auf 890 m Seehöhe im Krautgraben östlich von Gams. Im äußeren Teil ist dieser Hohlraum unter kompletter Wassererfüllung entstanden, in dem sich in weiterer Folge sehr schöner Tropfsteinschmuck gebildet hat (Abb. 5.6). Im inneren Teil gelangt man in einen lehmigen aktiven Canyon. Das Wasser des Canyons entspringt unterhalb des Höhleneingangs in einer kleinen Quelle. Der Eingang der Höhle ist heute mit einem Gitter gesichert.

Abb. 5.6 Wunderbarer Tropfsteinschmuck im Bergmandlloch. (L. Plan)

CSI Steckbrief

Tatort	Gams bei Hieflau
GPS-Daten	47°40'45.0"N, 14°49'13.1"E
Alter	Jura allgemein
Lithologische Einheit	Plassenkalk
Lithologie	Mikritischer Lagunenkalk mit Korallen, Schwämmen und Hydrozoen
Täter	Wasser und Kohlensäure

5.3 Gagat – Glanzkohle – Gams

Die kleine Ortschaft Gams bei Hieflau nennt sich nicht ohne Grund GeoDorf, denn sie hat eine Vielzahl an gelogischen Besonderheiten zu bieten. Eine besondere Form der Kohle findet man hier in Ablagerungen der alpinen Gosau. Gagat oder Glanzkohle mit montanhistorisch überregionaler Bedeutung.

Diese bitumenreiche Kohle besitzt eine beachtliche Härte, weshalb sie gut schleif- und polierbar ist. Durch diese Eigenschaft erlangte der Abbau in Gams große Bedeutung für die Herstellung von Schmuck im 15. und 16. Jahrhundert. Die erste Erwähnung des Gagatbergbaus in Gams bei Hieflau findet sich im Jahr 1414. Als Grund- und Lehensherr betraute Abt Georg Lueger des Benediktinerstifts Admont in diesem Jahr Gewerke aus Schwaben mit dem Abbau. Zusätzlich belegen handschriftliche Aufzeichnungen im Archiv des Stiftes Admont rege Handelsbeziehungen zwischen Stift Admont und schwäbischen Kaufleuten und Patrizierfamilien aus Esslingen in Württemberg.

Der Gagat wurde nach Admont gebracht, wo der Zehent und die Fron (Bezahlung) geleistet wurden. Zwischen 1533 und 1544 zeigen Aufzeichnungen im Stift Admont, dass 7,7 t Gagat gewonnen wurden, also jährlich im Durchschnitt 700 kg. Preisverfall, Streitigkeiten unter den Gewerken und immer schlechter werdende Erträge führten 1559 schließlich zur Einstellung des Gagatabbaus in Gams. Vermutlich kam es infolge der Reformation zu einem starken Absatzrückgang, da der Gebrauch von Rosenkränzen und anderen Kultgegenständen aus Gagat abgelehnt wurde.

5.3.1 Geologischer Rahmen

Gagat bildet sich im Gegensatz zu „normaler" Kohle aus Trifthölzern, die subaquatisch abgelagert und im sauerstofffreien Faulschlamm-Millieu mit Bitumen

5.3 Gagat – Glanzkohle – Gams

getränkt wurden. Im Bereich der Ostalpen tritt Gagat in den als Gosauschichten bezeichneten Sedimenten der späten Kreidezeit in den Nördlichen Kalkalpen auf. Er steckt in schmächtigen Flözen oder als Linsen und Scherben in bituminösen Mergeln und Kalken (Abb. 5.7). Das Alter der kohlenführenden Schichten beträgt 80–90 Mio. Jahre. In Gams handelt es sich dabei um die Schönleiten-Formation des Turoniums (Oberkreide). Diese kohleführende Mergelabfolge mit wenigen Sandsteinbänken und Lumachellen im Hangenden der basalen Konglomerate der Kreuzgraben-Formation erreicht eine Mächtigkeit von bis zu 200 m.

Die Sedimente des ehemaligen Gosaubeckens mit teilweise reichhaltig fossilführenden Mergelkalken und Sandsteinen treten rund um das Ortszentrum von Gams auf, wo sie nicht von eiszeitlichen Konglomeraten überdeckt wurden. Im Bereich Schönleiten und im Haspelgraben finden sich die Vorkommen der Glanzkohle, wo noch heute die Spuren der mittelalterlichen Bergbautätigkeit im Gelände zu bemerken sind.

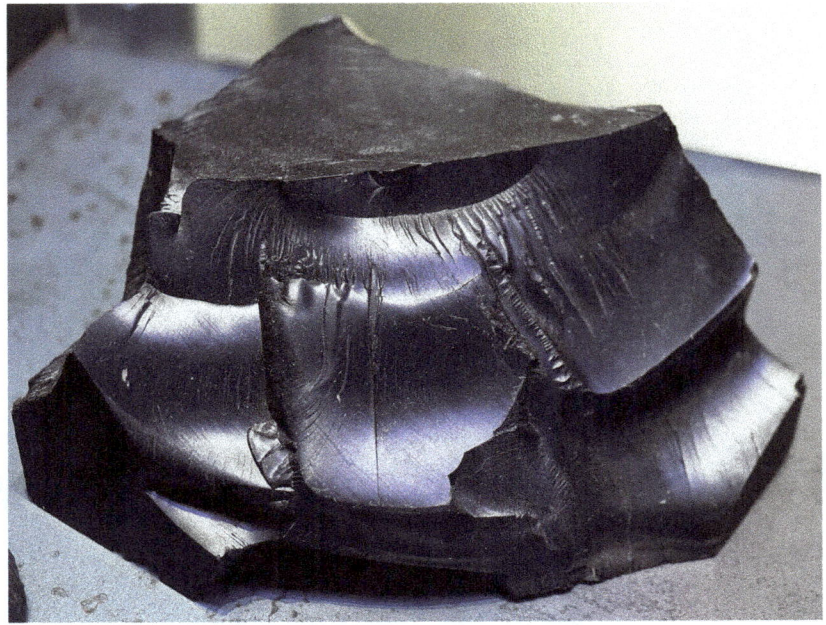

Abb. 5.7 Glanzkohle oder auch Gagat als Basis für die Schmuckherstellung (Tiia Monto)

Neuere Untersuchungen

Gegen Ende des 20. Jahrhunderts wurde das Interesse am Gagat wiedergeweckt. Auf Anregung der Gemeinde wurde durch die Montanuniversität Leoben unter der Leitung von Prof. Dr. Mauritsch sowie der Mitarbeit der Professoren Dr. Holub und Dr. Sachsenhofer 1990 eine geophysikalische Untersuchung vorgenommen. Zweck der Studie war, auf dem Gelände des ehemaligen Abbaus eventuell noch vorhandene Gagatvorkommen nachzuweisen. Tatsächlich wurden bei den Versuchsgrabungen mittels Bagger ca. 40 kg Gagat auf der Schönleiten und ca. 20 kg im Haspelgraben geborgen. Dabei handelt es sich auch um die früheren Abbaugebiete.

CSI Steckbrief

Tatort	Schönleiten/Haspelgraben
GPS-Daten	47°40′07″N, 14°47′53″E / 47°39′39.7″N, 14°48′17.0″E
Alter	80–90 Mio. Jahre Turonium, späte Kreide
Lithologische Einheit	Gosau Gruppe
Lithologie	Bituminöse Mergel und Kalke

Abb. 5.8 In Gams bei Hieflau bahnt sich das tosende Wasser den Weg durch die Megalodontenkalke der eindrucksvollen Nothklamm. (A. Lukeneder)

5.4 Riesenmuscheln in der Nothklamm – fossile Kuhtritte

Das Naturschauspiel der tosenden Wassermassen, die sich den Weg durch die Nothklamm in Gams bei Hieflau bahnen, ist beeindruckend. Holzstege begleiten und kreuzen in luftiger Höhe den schlängelnden Lauf des Gamsbaches durch die steil aufragenden Triaswände der Klamm (Abb. 5.8). Bei Schönwetter glaubt man nicht, wie gewaltig die Fluten bei Schlechtwetter oder Starkregen durch die enge Klamm schießen können. Der Gamsbach mündet später zwischen Palfau und Großreifling in die Salza und diese wiederum in die größere Schwester Enns. Wer genau schaut oder den Hinweistafeln in der Nothklamm folgt, wird die Riesenmuscheln der Triaszeit beobachten können.

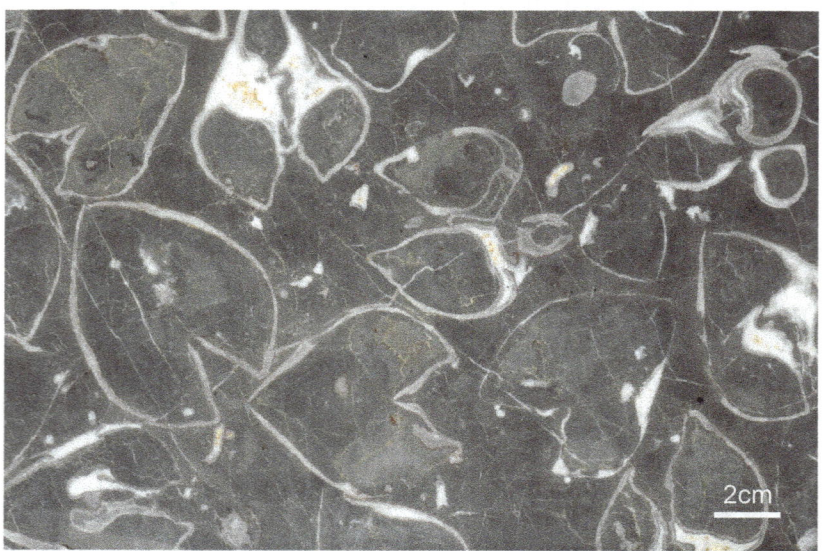

Abb. 5.9 Hufartige Schnitte durch die weißen, doppelklappigen Megalodontenschalen im Dachsteinkalk. (A. Lukeneder)

5.4.1 Tropisches Meer der Nothklamm

Im Oberlauf hat der Gamsbach vergleichbar leichtes Spiel mit den weichen Sedimentgesteinen der späten Kreidezeit. Vergleichsweise harte Arbeit waren da schon der Durchbruch und das Sicheinschneiden in die Gesteine der Trias und des Juras in der Nothklamm, wobei die älteren triassischen Kalke in der Schlucht dominieren. Die spättriassischen Kalke der Dachsteinkalk-Formation zeichnen sich dabei durch das Auftreten von doppelklappigen Riesenmuscheln aus (Abb. 5.9). Die Megalodonten sind Bewohner der tropischen und subtropischen Flachwasserbereiche der Tethys und gelten, in diesem Zeitabschnitt weltweit vertreten, als Leitfossilien der Biostratigrafie, also der relativen Altersbestimmung mittels Fossilien. Die hier bis zu 30 cm großen Muscheln sind scheu und blitzen am Talgrund der Nothklamm zwischen dem rauschenden Wasser des Gamsbaches hervor. Im Sommer bei Niedrigwasser sind die Vertreter der wechselzähnigen Muscheln, also der Heterodonta, auf den durch das Wasser polierten Gesteinsoberflächen im mittleren Abschnitt der Klamm gut zu sehen. Deutlich heben sich die dicken, weißen Kalzitschalen der mächtigen Bivalven vom hellgrauen Flachwasserkalk ab. Der Begriff „Dachsteinkalk" (nach dem Auftreten am Dachstein benannt) wurde im 19. Jahrhundert erstmals von Friedrich Simony, dem Dachsteinpionier und Naturforscher, eingeführt (Abb. 5.10). Im Volksmund werden die angeschliffenen Anschnitte an der Gesteinsoberfläche wegen ihres hufartigen und herzartigen Querschnitts auch als Kuhtrittmuscheln bezeichnet.

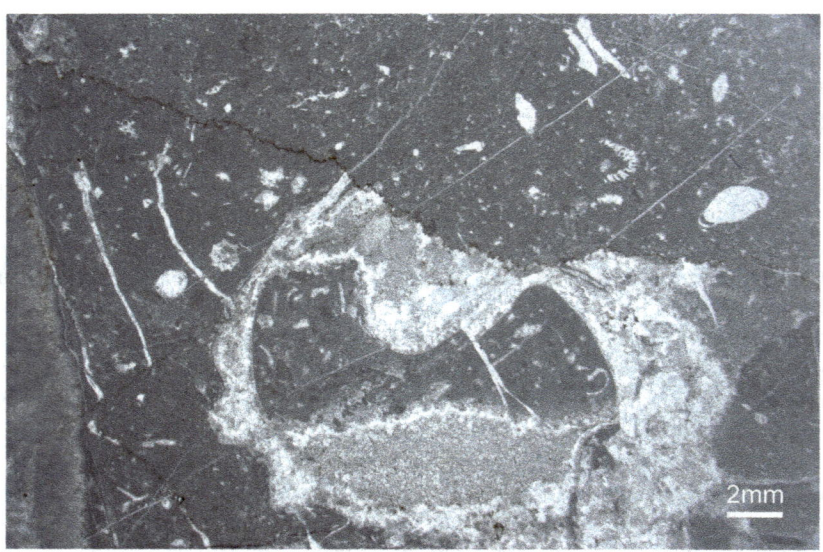

Abb. 5.10 Dünnschliff durch den Dachsteinkalk der Nothklamm mit Bivalven, Gastropoden, Algen und Foraminiferen. (A. Lukeneder)

CSI Steckbrief

Tatort	Nothklamm, Gams bei Hieflau
GPS-Daten	47°40′10.0″N, 14°48′19.4″E
Alter	Norium bis Rhätium, späte Trias, Mesozoikum
Einfallen der Schichten	45°/280°
Lithologische Einheit	Dachsteinkalk-Formation
Lithologie	Hellgraue Flachwasserkalke
Fossile Opfer	Bivalvia mit *Megalodus, Neomegalodus* und *Conchodus* (Abb. 5.11), diverse Bivalvia, Gastropoda, Algen, Foraminiferen
Täter	Natürlicher Tod
Status	Vorhanden, mittlere Nothklamm, Station 6 Geopfad
Besitz	Gemeinde Landl, Österreichische Bundesforste

5.4 Riesenmuscheln in der Nothklamm – fossile Kuhtritte

Abb. 5.11 *Conchodus* als Beispiel für megalodontide Bivalven der Steiermark. (A. Lukeneder)

Megalodus – Kuhtrittmuschel von Weltruf

Megalodonten zählen mit zu den größten Muscheln der Erdgeschichte. Die bekanntesten Formen sind zweifellos in den marinen Sedimentgesteinen der Trias zu finden. Diese verschiedenzähnige Muschelgruppe der Heterodonta belebte flachere, warme Meeresbereiche der subtropischen bis tropischen mesozoischen Tethys, wo sie Plankton aus dem Meerwasser filtrierte. Die Muscheln sind an flachmarine Lagunen gebunden und begleiteten so riesige Riffgürtel gleichen Alters. So sind sie heute in den gesamten Alpen bis hin zum Himalaya-Gebirge zu finden. In den Nördlichen Kalkalpen sind sie weit verbreitet, aber vorwiegend im Dachsteinkalk der späten Triaszeit anzutreffen. Im Bankkalk finden sich die bis zu 0,5 m großen Muscheln oft in Lebensstellung und doppelklappig. Kleinere Formen dieser Muschelart reichen in den Jura empor. Durch Verwitterung oder eiszeitlichen Gletscherschliff entstehen die heute bekannten Querschnittbilder durch die fossilen Bivalven an den Schichtflächen. Der optische Eindruck dieser weißen Muschelklappen in grauem Kalk mag an Hufe von Kühen erinnern, daher der Name „Kuhtrittmuschel" im Volksmund. Manchmal findet sich für dieses auffallende Gebilde auch der Ausdruck „Hirschtritt" oder in Süddeutschland „Geißenfüßle". In Österreich wird diese markante Muschel, nach dem Dachsteingebirge an der Grenze Oberösterreich und Steiermark, auch als Dachsteinmuschel bezeichnet.

5.4 Riesenmuscheln in der Nothklamm – fossile Kuhtritte

Abb. 5.12 Gut aufgeschlossene Hierlatzkalke entlang des Nothklammweges unweit vom Aufstieg zur Kraushöhle. (A. Lukeneder)

5.5 Seelilienwälder des Jura – Hierlatzkalk der Nothklamm

Gams bei Hieflau kann mit einer weiteren Überraschung für Naturliebhaber und Geo-Cineasten aufwarten. Unweit des GeoDorfes Gams mit GeoWerkstatt und Freibad quert ein schmaler Streifen von Crinoidenkalk die untere Nothklamm. Am besten kann man diese geologische Einheit am Nothklammweg in Richtung Kugelmühle beobachten (Abb. 5.12), wo auch für Besucher einige Stellen am Gestein poliert wurden, um die Massen von Seelilienstielgliedern sichtbar zu machen.

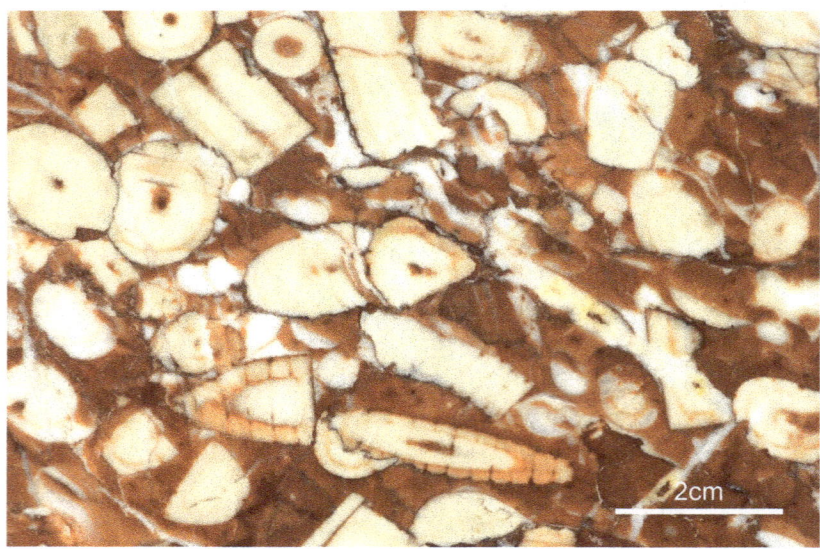

Abb. 5.13 Polierter Anschliff durch die fleischroten Kalke der Hierlatz-Formation mit Massen von weißen Crinoidenstielgliedern. (A. Lukeneder)

5.5.1 Tropisches Meer der Nothklamm

In der Nothklamm liegt der rötliche bis fleischfarbene Kalk mit Millionen von Seelilienstielgliedern an der Oberfläche und bildet den Boden des Gehweges (Nothklammweg) und die senkrechten Wände der Klamm. Es handelt sich hierbei um den für die Nördlichen Kalkalpen typischen Hierlatzkalk im frühen Jura (Lias). Im Jura, meist Sinemurium bis Toarcium, zeigt der crinoidenreiche Hierlatzkalk eine Ablagerung nahe an submarinen Seichtschwellen geringerer Tiefe und bewegten Wassers mit hoher Strömungsenergie an. Diese „Seelilienwälder" folgten auf Korallen dominierte Riffe der späten Trias. Der Begriff „Hierlatzkalk" wurde schon 1852 von Eduard Suess geprägt. Dabei liegt das Typusgebiet für diese biogenreiche Gesteinsart an der dreigipfeligen Hirlatzgruppe (Vorderer, Mittlerer und Hinterer Hirlatz) bei Hallstatt in Oberösterreich. Mancherorts besteht der Hierlatz-Crinoidenkalk ausschließlich aus Seelilienresten (Abb. 5.13). Den dominanten Seelilien folgen in unausgewaschenen Kalken untergeordnet noch Muscheln (Bivalven), Armfüßer (Brachiopoden), Schnecken (Gastropoden) und in seltenen Fällen Ammoniten (Abb. 5.14).

Abb. 5.14 Dünnschliff durch die Crinoidenkalke der Hierlatz-Formation in der Nothklamm mit Ammoniten, Gastropoden und Foraminiferen. (A. Lukeneder)

CSI Steckbrief

Tatort	Nothklamm, Gams bei Hieflau
GPS-Daten	47°40′5.5″N, 14°48′10.4″E
Alter	Sinemurium, früher Jura (Lias), Mesozoikum
Einfallen der Schichten	20°/360°
Lithologische Einheit	Hierlatz-Formation
Lithologie	Crinoidenkalke, Packstones bis Grainstones
Dünnschliffe	Biogenreiche Kalke, dominierende Crinoidenstielglieder, Foraminiferen, Gastropoden, Schwämme, Ammoniten
Fossile Opfer	Crinoiden, Gastropoden, Schwämme, Foraminiferen
Täter	Natürlicher Tod
Status	Aufgeschlossen, Station 13 Geopfad
Besitz	Gemeinde Landl

Abb. 5.15 Beispiel für vollständig erhaltene Seelilien mit Stielen und Kelchen. (A. Lukeneder)

5.5 Seelilienwälder des Juras – Hierlatzkalk der Nothklamm

Seelilien – Tiere oder Pflanzen?
Seelilien werden wissenschaftlich als Crinoidea (inklusive Haarsterne) bezeichnet und zählen zur Klasse der Stachelhäuter (Echinodermata). In den annähernd 650 Gattungen vereinen sich nahezu 6000 Arten. In dieser Vielzahl von ausschließlich marinen Arten sind die überwiegende Mehrheit fossile Vertreter, und lediglich 700 Arten davon sind rezent, das heißt heute lebende Arten. Crinoiden sind seit dem Ordovizium, also aus über 480 Mio. Jahre alten Gesteinen, bekannt. Die fossilen Arten sind meist langgestielt und mit wurzelartigen Haftorganen am festen Meeresboden verankert. Am Ende des bis zu 20 Meter langen Stiels sitzt meist die Krone, bestehend aus Kelch und fünf Armen, was zusammen den Eindruck einer im Wasser schwebenden Blume vermittelt (Abb. 5.15). Sie besiedelten bevorzugt Schelfbereiche bis 200 m Meerestiefe, können aber mit wenigen heute lebenden Arten bis zu 4000 m Meerestiefe erreichen. Im Fossilbeleg des späten Jura gibt es auch charakteristische Schwebecrinoiden, welche ohne Stiel ihr Auslangen fanden, wie *Saccocoma*. Die Seelilien erbeuten ihre Nahrung, zumeist Plankton (schwebende Kleinlebewesen) und Detritus (organische Materialien), mit ihren Fangarmen aus dem Meerwasser. Wegen des primär stabilen Aufbaus der einzelnen Skelettelemente aus Magnesium-Calcit können Crinoiden über Hunderte Millionen von Jahren fossil erhalten bleiben, je nach Umweltbedingungen als vollständiges Tier, als einzelne Segmente oder durch die Massen von Teilen auch gesteinsbildend wie im Falle des Hierlatzkalkes der Nothklamm.

Abb. 5.16 Kohlige Sedimentgesteine von Gams bei Hieflau bergen eine Vielzahl von fossilen Zähnen am Fuße des Akogels. (A. Lukeneder)

5.6 Vorsicht Saurier – Gams im Dinofieber

In der Nähe des Akogels wurden erst vor kurzer Zeit in den Gesteinen der Schönleiten-Formation fantastische Entdeckungen gemacht. Die Formation trägt dabei den Namen des Ortsteiles in Gams bei Hieflau, in welchem die Funde gemacht wurden (Abb. 5.16). In kohlig-tonigen Lagen des späten Turoniums, einer Stufe der späten Kreide vor rund 90 Mio. Jahren, wurden viele verschiedene Zähne gefunden. Die große Ähnlichkeit mit gleichaltrigen Faunen Ungarns begründet sich aus der geografischen Nähe der Ablagerungsräume zum Zeitpunkt der späten Kreidezeit. 2019 wurden die wissenschaftlichen Ergebnisse auch einem breiten Publikum vorgestellt (Abb. 5.17).

Abb. 5.17 Unweit der GeoWerkstatt im GeoDorf Gams fanden sich sensationelle Reptilienzähne (A. Lukeneder)

5.6.1 Zeig mir deinen Zahn – und ich sag dir, wer du bist

Nun stellte sich die Frage, von wem diese Zähne wohl stammen könnten. Sie gehörten zu unterschiedlichen Gruppen der Knorpelfische wie etwa Haien und Knochenfischen (z. B. Knochenhechten), aber auch zu Vertretern der Amphibien und zu Reptilien mit Eidechsen, Krokodilen und Mosasauriern (Abb. 5.18). Auch Zähne von echten Dinosauriern der Gruppe Theropoda wie *Paronychodon* befanden sich darunter. Diese Gattung zählt zur Gruppe der Echsenbeckendinosaurier. Sie waren relativ kleine, bis zu 1 m große, wahrscheinlich befiederte und fleischfressende Dinos. Die winzigen Zähnchen haben international für Aufsehen gesorgt, sind sie doch extrem selten zu finden und auch nur von Spezialisten den korrekten Tiergruppen und Taxa zuordenbar (Abb. 5.19).

Abb. 5.18 Tonnen von Sediment der späten Kreidezeit musste geborgen und durchsucht werden, um nur einige Dutzend Zähne analysieren zu können. (A. Lukeneder)

CSI Steckbrief

Tatort	Südhang Akogel, oberhalb GeoWerkstatt, Gams bei Hieflau
GPS-Daten	47°40′5.0″N, 14°47′54.1″E
Alter	Turonium, späte Kreide, Mesozoikum
Einfallen der Schichten	80°/230°
Lithologische Einheit	Schönleiten-Formation
Lithologie	Sandige Mergel, Tonsteine mit Kohlelagen, terrestrisch bis Flachwasser
Dünnschliffe	Nicht möglich
Fossile Opfer	Fische, Haifische, Saurierzähne, Krokodile, *Paraves*, Klauenzahn (*Paronychodon*)
Täter	Natürlicher Tod
Status	Überwachsen, für wissenschaftliche Zwecke freigegraben
Besitz	Gemeinde Landl, Österreichische Bundesforste

Saurier oder Dinosaurier – Gamser Geschichten

Vom wissenschaftlichen Standpunkt gesehen muss man streng zwischen Sauriern (aus dem Altgriechischen *sauros* für „Echse") und den dazugehörigen Dinosauriern unterscheiden. Gehören doch zu den Sauriern auch Fischsaurier und Flugsaurier. Dinosaurier (aus dem Altgriechischen *deinós* für „schrecklich" und *sauros* für „Echse", also „schreckliche Echse") selbst sind die Gruppe der landlebenden Reptilien, wie wir sie als *T-Rex*, *Triceratops* oder *Diplodocus* aus Filmen kennen. Der kleine landlebende und räuberische Dino aus Gams war ein Klauenzahn (*Paronychodon*), benannt nach den klauenartig gebogenen Zähnen (Abb. 5.19). Die paläontologischen Grabungen von österreichisch-ungarischen Teams, unterstützt vom Natur- und Geopark Sterische Eisenwurzen sowie von der Gemeinde Landl, erbrachten 2019 erstaunliche Erkenntnisse. Neben vielen Fischresten, Fröschen, Eidechsen, Krokodilen und Meerechsen fanden sich gezackte und scharfkantige Zähnchen. Eben diese bargen die wahre Sensation in sich, da sie vom kleinen, auf bewaldeten Inseln um das Gamser Gosaubecken lebenden *Paronychodon* und von anderen Theropoden stammen. Die Gattung *Paronychodon* basiert lediglich auf Zahnfunden. Die befiederten Tiere waren meist nicht größer als 50 cm und flinke sowie wendige Räuber. Vertreter der Maniraptoren, was so viel wie Handräuber bedeutet, umfassen die fortschrittlichen Hohlschwanzechsen (Coelurosaurier) sowie die heute lebenden Vögel (Aves). In Gams konnten auch Zähne von kleinen Theropoden der Gruppe Paraves identifiziert werden (Abb. 5.20).

1mm

Abb. 5.19 Einziger Vertreter des Klauenzahnes (*Paronychodon*) aus Gams bei Hieflau. (A. Ösi)

5.6 Vorsicht Saurier – Gams im Dinofieber

Abb. 5.20 **a** Rekonstruktion der kleinen Theropodenvertreter vom Akogel in Gams bei Hieflau, **b** Zähne der Gruppe Paraves von Schönleiten in Gams bei Hieflau. (**a** T. Pecsics, **b** A. Ösi)

Abb. 5.21 Blick in das Naturdenkmal Pitzengraben mit Holzstegen zum Riff, durch Kohlelagen und Schneckenfriedhof. (A. Lukeneder)

5.7 Friedhof der Puppen- und Faltenschnecken – Bechermuschelriff mit Kohle

Eine sehenswerte Abfolge von Sedimentgesteinen und tollen Fossilien findet sich am oberen Eingang in die Nothklamm im Pitzengraben (Abb. 5.21). Die Gesteinsabfolge gehört der Gosau-Gruppe an, welche große Teile der späten Kreide umfasst. Diese Schichtfolge kann im Gebiet um das Gamser Gosaubecken gewaltige 2000 m mächtig werden. Die Ablagerungen werden hier noch in verschiedene Gesteinskomplexe und Formationen unterteilt. Der ältere Teil besteht aus den überwiegend terrestrischen bis flachmarinen Ablagerungen der Kreuzgraben-Formation, der Schönleiten-Formation, der Noth-Formation und der Zwieselalm-Formation. Die jüngeren Ablagerungen der Gosau-Gruppe umfassen die Tiefwassersedimente der Nierental-Formation und der Zwieselalm-Formation. Dabei umfasst die Gamser Abfolge einen Zeitraum von später Kreide mit Turonium (ca. 90 Mio. Jahre) über die Kreide-Tertiär-Grenze (KT-Grenze) bis in das Känozoikum mit Eozän (ca. 54 Mio. Jahre). Das jeweilige Alter dieser Einheiten wird durch Ammoniten, Muscheln (Inoceramen), Schnecken sowie benthische und planktonische Foraminiferen, Ostrakoden und kalkige Nannofossilien sowie Pollen bestimmt.

Abb. 5.22 Historischer Stollen zum Kohlebergbau im Pitzengraben an der Basis der Abfolge der Noth-Formation. (A. Lukeneder)

5.7.1 Der Pitzengraben – Vielfalt im Kreidemeer

Vorreiter und Wegbereiter in der Beschreibung dieser kretazischen Sedimentgesteine und deren Abfolgen im Bereich von Gams und Hieflau sind Heinz Kollmann, Michael Wagreich und Herbert Summesberger. Speziell in den letzten 40 Jahren wurden deutliche Fortschritte in der wissenschaftlichen Bearbeitung dieses Kreidetroges gemacht. Dabei wurde auch die 150 m mächtige Noth-Formation detailliert untersucht, so auch im Pitzengraben, der gleichzeitig das Typusprofil der Noth-Formation beherbergt. Diese lithologische Einheit setzt sich hier aus Sandsteinen (reich an Serpentinit) des späten Turoniums mit Rudisten-Biohermen (meist Hippuritenriffen), Massenvorkommen von Puppenschnecken *(Trochactaeon lamarcki)* und lagenweise Faltenschnecken mit Nerineen wie *Parasimploptyxis pailletteana* und Kohlevorkommen zusammen (Abb. 5.22). Sehr auffällig sind dabei die fossilen Bioherme oder Biostrome als hügelige, linsenartige Gebilde, vollständig aus den charakteristischen Bechermuscheln aufgebaut. Es dominieren büschelig wachsende Formen wie *Vaccinites praesulcatus* und *Hippurites resectus* sowie einfache *Radiolites* und *Plagioptychus*. Vereinzelt finden sich auch kolonienbildende Korallen. Die Noth-Formation zeigt wohl die fossilreichsten Gesteine des Gamser Troges. Die Sedimente lagerten sich in radmarinen und flachmarinen Bereichen in subtropischen bis tropischen Klimaten ab. Sporadisch kam es zu Süßwassereinträgen und im Zuge dessen zur Bildung von Kohle. Der Pitzengraben ist dabei die Typlokalität für das Auftreten von Actaeonelliden mit der Puppenschnecke *Trochactaeon lamarcki,* die hier in Nestern auftritt und von hier weltweit erstmals beschrieben (Abb. 5.23 und 5.24). Die Konzentration in Lagen oder Nestern entstand bei Sturmereignissen durch die Auswaschung des übrigen Sediments. Ami Boué sammelte das Material aus Gams und gab es 1929 an Adam Sedgwick und Roderick Impey Murchison weiter, welche die Schnecken 1832 in einem Ostalpen-Exkursionsbericht, illustriert durch James de Carly Sowerby, abbildeten. Noch heute liegen die Originale zu dieser Arbeit im Naturhistorischen Museum in London. Der Pitzengraben ist heute ein Naturdenkmal, und das Betreten ist derzeit aus Sicherheitsgründen nur Wissenschaftler:innen gestattet.

5.7 Friedhof der Puppen- und Faltenschnecken ...

Abb. 5.23 Die Typusart *Trochactaeon lamarcki* wurde erstmals 1832 durch James de Carly Sowerby aus dem Pitzengraben beschrieben (A. Lukeneder)

Abb. 5.24 Nestartiges Auftreten der Typusart *Trochactaeon lamarcki* im Pitzengraben. (A. Lukeneder)

Abb. 5.25 Dünnschliff durch die Sandsteine der Noth-Formation mit der Typusart *Trochactaeon lamarcki* aus dem Pitzengraben. (A. Lukeneder)

CSI Steckbrief

Tatort	Pitzengraben, Gams bei Hieflau
GPS-Daten	47°39′56.1″N, 14°47′53.5″E
Alter	Spätes Turonium bis Coniacium, späte Kreide, Mesozoikum
Einfallen der Schichten	15°/320° bis 45°/240°
Lithologische Einheit	Noth-Formation
Lithologie	Sandstein mit Hippuriten (Rudisten) und Gastropoden wie Nerineen eines subtropischen Riffs
Dünnschliffe	Biogenreiche Sandsteine und Kalke (Abb 5.25), hier mit Hippuriten und *Trochactaeon lamarcki* im Schnitt, Grainstones, Boundstones

5.7 Friedhof der Puppen- und Faltenschnecken ...

Fossile Opfer	*Trochactaeon lamarcki*, Nerineen mit *Parasimploptyxis pailletteana*, *Rudisten* mit *Batolites* (Abb. 5.26 und 5.27), *Vaccinites praesulcatus*, *Hippurites resectus*, *Radiolites* und *Plagioptychus*, Gastropoden mit nereneiden *Parasimploptyxis*, Korallen, Algen mit *Halimeda*-Pflanzen, Pollen
Täter	Natürlicher Tod
Status	Naturdenkmal, Zutritt verboten, Verfall der Holzkonstruktionen, Gefahr, Station 15 Geopfad
Besitz	Gemeinde Landl, Österreichische Bundesforste

Abb. 5.26 Bechermuschelkolonie mit dem Hauptvertreter *Batolites* aus dem Pitzengraben. (A. Lukeneder)

Abb. 5.27 Dünnschliff durch das typische Netzmuster der Bechermuschel *Batolite*s aus dem Pitzengraben. (A. Lukeneder)

Naturdenkmal – Sammeln von Fossilien in der Steiermark
Eine berechtigte Frage in diesem Zusammenhang ist, wem ein Fossil letztendlich gehören würde, nachdem es gefunden wurde. Das ist oft gar nicht so einfach zu beantworten. Man sollte sich tunlichst vorab erkundigen, ob das Sammeln von Versteinerungen, also Fossilien, in diesem oder jenem Gebiet erlaubt ist. Jedes Bundesland in Österreich hat hier eigene Gesetze, in welchen geschrieben steht – manchmal klar, manchmal schwammig –, wo man Fossilien und Mineralien suchen darf. In diesen Gesetzen ist auch festgelegt, was mit speziellen Funden zu geschehen hat. Die Gesetze sind von Bundesland zu Bundesland verschieden und können auf den jeweiligen Landes-Homepages in Erfahrung gebracht werden.

Als Beispiel die gesetzliche Vorgabe im Landesrecht der Steiermark und Oberösterreichs: Steiermark – Abschnitt V, § 20 StNSchG 2017 *Schutz von Mineralien und Fossilien 1) Wissenschaftlich bedeutsame Mineralien und Fossilien dürfen nicht mutwillig zerstört oder beschädigt werden. 2) Die Verwendung von maschinellen Einrichtungen, Spreng- oder Treibmittel oder sonstiger chemischer Hilfsmittel für das Sammeln von Mineralien oder Fossilien ist verboten.* Bei Zuwiderhandeln sind die betreffenden Fossilien nach § 41 4.3 den Landesmuseum Joanneum zu überlassen. Naturdenkmale nach § 11 StNSchG 2017 sind hervorragende Einzelschöpfungen der Natur, die wegen ihrer wissenschaftlichen oder kulturellen oder ökologischen Bedeutung, ihrer Eigenart, Schönheit oder Seltenheit oder ihres besonderen Gepräges für das Landschaftsbild erhaltungswürdig sind. Zum Naturdenkmal können insbesondere erklärt werden: einzelne Bäume, Wasserfälle, Felsbildungen, Gletscherspuren, Moränen, Klammen und Schluchten mit ihrer Wasserführung, erdgeschichtliche Aufschlüsse oder Erscheinungsformen (Geotope, z. B. Vulkanismus, Wanderblöcke und eiszeitliche Böden), Vorkommen einzigartiger Gesteine und Mineralien sowie fossile Tier- oder Pflanzenvorkommen. Derzeit sind in der Steiermark rund 680 Naturdenkmale unter Schutz gestellt. Die geografische Lage aller „Naturdenkmäler" ist in der Übersichtskarte „Naturdenkmale" im GIS Steiermark im Unterthema „Flora & Fauna/Naturräumliche Schutzgebiete" abrufbar. Die besonderen Naturdenkmäler wie der Pitzengraben oder die Nothklamm können dabei nach dem Steiermärkischen Berg- und Naturwachtgesetz durch die Mitarbeiter:innen der Berg- und Naturwacht nach der Einhaltung der oben genannten Vorschriften und im Auftrag des Landes Steiermark überprüft werden. Nach den Strafbestimmungen können Geldstrafen mit bis zu 30.000 € angesetzt werden.

Abb. 5.28 Steil stehende Kalkschichten und Mergel der Nierenthal-Formation aus der späten Kreidezeit im Knappengraben. (A. Lukeneder)

5.8 KT-Impakt – Verschwinden der Dinosaurier

In der Gegend um Gams bei Hieflau kommen die Gesteine der Gosau-Gruppe aus der späten Kreidezeit, 99 bis 66 Mio. Jahre, in bis zu 1500 m mächtigen Schichtabfolgen vor. Folgt man dem Gamsbach von Gams aus nach Osten zirka 8 km über kleine Forststraßen, warten epische Katastrophen der Erdgeschichte auf geneigte Besucher, Wanderer oder Radfahrer (Abb 5.28). An gleich mehreren Stellen kann hier die berühmte Kreide-Tertiär-Grenze (KT-Grenze) – der Zeitpunkt, an dem die Dinosaurier die Erde für immer verließen (und das nicht ganz freiwillig, könnte man sagen) – besichtigt werden. Die gesamten Dinosaurier der Welt starben am Ende der Kreidezeit an der KT-Grenze vor 66 Mio. Jahren aus. Heute wird diese Grenze auch als KP-Grenze bezeichnet nach dem Übergang von der Kreide zum Paläogen, also in die älteste Periode des Känozoikums mit der untersten Epoche, dem Paläozän (Stufe Danium).

Abb. 5.29 Die KT-Grenze ist im Knappengraben durch ein Schutzhaus vor unerlaubten Grabungstätigkeiten geschützt. (A. Lukeneder)

5.8.1 Ein Meteorit wird kommen – Ende mit Schrecken

Durch den Einschlag eines 10 km großen Meteoriten auf der Halbinsel Yucatán in Mexiko wurde dieses Massensterben verursacht. Als Folge dieses gigantischen Impakts starben massenhaft Pflanzen ab, gefolgt von den Tieren, die sich davon ernährten. Mit etwa 100.000 km/h schlug der kosmische Brocken einen 200 km großen Krater in die Erde. Die Spuren dieses schrecklichen Ereignisses lassen sich noch heute auf der ganzen Welt an Hunderten von Lokalitäten in Gesteinen finden. So auch in der näheren Umgebung von Gams bei Hieflau. Im Verborgenen und teils gut geschützt befinden sich die regionalen Fundstellen zur KT-Grenze. Die Grenze ist durch eine bräunliche und wenige Zentimeter dünne Tonlage in den Mergeln und Kalken markiert und zeichnet sich durch das angereicherte Element Iridium aus. Man kann hier anschaulich die Veränderung des Klimas und der Organismen im damaligen Bereich des Gosau-Beckens von Gams zeigen. Im abgelegenen Krautgraben und Knappengraben sind diese wissenschaftlichen Sensationen aufgeschlossen.

Etwas abgelegen, rund 5 km von Gams und dem GeoPark entfernt, kommt man an eine weltberühmte Stelle, an der durch eine Tafel die KT-Grenze in der Nierental-Formation markiert und erklärt wird. Man kann und darf diese Stelle aber nicht beproben oder umgraben. Der Name „Knappengraben" leitet sich nach vom historischen Erzbergbau im Graben ab. Die Lokalität liegt im Quellgebiet des Gamsbaches an der sogenannten Haid über dem Krautgraben. Dort wird schon „Kreide-Tertiär-Grenze 2 Kilometer" angezeigt; eine neu gestaltete Schautafel führt zum Thema KT-Grenze und Dinosterben. Diese Stelle ist eher etwas für Spezialisten und wirklich Interessierte. Die Fundstelle Knappengraben erstrahlt in neuem Anstrich; zum Schutz dieser einzigartigen Lokalität vor „Raubgräbern" wurden eine Überdachung und eine Einzäunung angelegt (Abb. 5.29 und 5.30). Eine weitere Lokalität liegt 1 km westlich und zeigt ebenso die KT-Grenze zwischen Nierenthal-Formation und Zwieselalm-Formation; sie liegt im Krautgraben an den Ufern des Gamsbaches. Die Schichtfolge und die Gesteinsarten spiegeln die Situation an der Lokalität Knappengraben wider.

5.8 KT-Impakt – Verschwinden der Dinosaurier

Abb. 5.30 Detail der KT-Grenze mit dunkler Grenzschicht zwischen Nierenthal-Formation und Zwieselalm-Formation aus dem Knappengraben. (A. Lukeneder)

CSI Steckbrief

Tatort	Knappengrabenkehre an Forststraße und Gamsbachufer, Krautgraben, beide Gams bei Hieflau
GPS-Daten	47°39′49.9″N, 14°52′47.6″E und 47°39′50.7″N, 14°51′50.6″E
Alter	Maastrichtium der späten Kreide bis Danium des frühen Paläogens, Mesozoikum bis Känozoikum
Einfallen der Schichten	45°/165° und 45°/170°
Lithologische Einheit	Nierenthal-Formation (Maastrichtium), Zwieselalm-Formation (Danium)
Lithologie	Sandige Mergel, Sandsteine, siltige Lagen im Paläogen, dunkle KT-Grenzschicht, Wackestones bis Packstones
Dünnschliffe	Biogenreiche Sandsteine und Mergel, massenhaft Foraminiferen
Fossile Opfer	Ammoniten, Krebse, Massen von Foraminiferen (Abb. 5.31 und 5.32), Haie, Spurenfossilien Zoophycos und Chondrites,
Täter	Vulkanismus und KT Meteoriten Impakt mit anschließender Klimaänderung
Status	Durch Verbau geschützte Lokalität, gut aufgeschlossen
Besitz	Gemeinde Landl, Österreichische Bundesforste

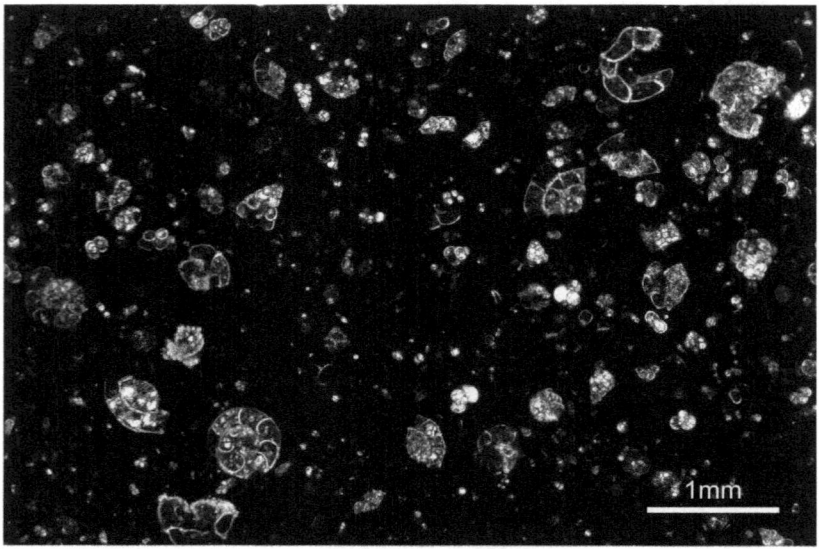

Abb. 5.31 Foraminiferen aus der kreidezeitlichen Nierenthal-Formation unterhalb der KT-Grenze im Knappengraben. (A. Lukeneder)

5.8 KT-Impakt – Verschwinden der Dinosaurier

Abb. 5.32 Foraminiferen aus der känozoischen Zwieselalm-Formation oberhalb der KT-Grenze im Knappengraben. (A. Lukeneder)

Abb. 5.33 Die KT-Grenze zwischen Nierenthal-Formation und Zwieselalm-Formation aus dem Krautgraben am Gamsbach. (A. Lukeneder)

Iridium – Italien und der Impakt
Mit etwa 100.000 km/h schlug der kosmische Brocken einen 200 km großen Krater in die Erde. Die Spuren dieses schrecklichen Ereignisses lassen sich noch heute auf der ganzen Welt in Gesteinen finden. Und wie es der Zufall so will, eben auch in Gams bei Hieflau mitten in Österreich (Knappengraben und Krautgraben (Abb. 5.33)). An der Grenzschicht zwischen Mesozoikum und Känozoikum kann man verschiedene chemische Elemente messen, die das Aussterben erklären. Das wohl berühmteste davon ist das chemische Element Iridium, welches in so großer Menge normalerweise nur außerhalb der Erde vorkommt, zum Beispiel in Meteoriten. In der Grenzschicht, der Iridium-Anomalie, ist der Gehalt aber um das 150- bis 1000-Fache größer als zuvor und danach. Diese Anomalie wurde erstmals 1980 von Luis Walter Alvarez (Physiknobelpreisträger), seinem Sohn Walter Alvarez (Geologe), Frank Asaro (Chemiker) und Helen Michel (Chemikerin) an Gesteinen der Bottaccione-Schlucht bei Gubbio in Zentralitalien beschrieben. Iridium kommt auf der Erde im Regelfall seltener als Gold und Platin vor. Nach dem Einschlag des gigantischen Meteoriten wurden an die 100.000 km^3 an Gestein verdampft, und der Staub wurde um die ganze Erde in der Atmosphäre verteilt. Heftige Erdbeben und massive Vulkanausbrüche setzten die Wälder der gesamten Erde in Brand – sie wurde zum dunklen und finsteren Erdball. Saurer Regen und die Vernichtung der Ozonschicht veränderten das kalte Klima zusätzlich (Abb. 5.34).

Abb. 5.34 Rekonstruktion des Impakts zum Ende der Kreidezeit vor 66 Mio. Jahren, Einschlag auf der Halbinsel Yucatán in Mexiko. (D. Jalufka)

Weiterführende Literatur

Alvarez LW, Alvarez W, Asaro F, Michel HV (1980) Extraterrestrial cause for the cretaceous-tertiary extinction. Science 208(4448):1095–1108

Egger H, Rögl F, Wagreich M (2004) Biostratigraphy and facies of paleogene deep-water deposits at Gams (Gosau Group, Austria). Ann Naturhist Mus Wien 106A:281–307

Faupl, P. (1983): Die Flyschfazies in der Gosau der Weyrer Bögen (Oberkreide, Nördliche Kalkalpen, Österreich). – Jahrbuch der Geologischen Bundesanstalt 126, 2, 219–244

Fenninger A, Holzer H-L (1972) Mitteilungen der Geologischen Gesellschaft Wien 63:52–141

Grachev AF (2009) The K/T boundary of Gams (Eastern Alps, Austria) and the nature of terminal Cretaceous mass extinction. Abhandlungen der Geologischen Bundesanstalt 63:1–199

Grachev, A.F., Korchagin, O.A., Kollmann, H.A., Pechersky, D.M., Tsel'movich, V.A. (2005). A new look at the nature of the transitional layer at the K/T boundary near Gams, Eastern Alps, Austria, and the problem of the mass extinction of the biota. Russian Journal of Earth Sciences 7, ES6001. https://doi.org/10.2205/2005ES000189

Grachev AF, Korchagin OA, Tsel'movich, V.A., Kollmann, H.A. (2008) Cosmic dust and micrometeorites in the transitional clay layer at the Cretaceous-Paleogene boundary in the Gams Section. Physics of the Solid Earth 44:555–569

Gulas O, Kollmann H (2018) The Nature and Geopark Styrian Eisenwurzen. In: Hejl E, Ibetsberger H, Steyrer H (Hrsg) UNESCO Geoparks in Austria. Verlag Dr. Friedrich Pfeil, München, S 137–173

Hable B (2016) Das Stift Admont und der Gagatabbau im 15. und 16. Jahrhundert. Ein Beispiel sterisch-schwäbischer Handelsbeziehungen. Berichte der Geologischen Bundesanstalt 118:13–14

Knobloch G (2012) Die Kreide-Tertiär-Grenze von Gams bei Hieflau, Steiermark. Der steirische Mineralog 26:30–35

Kollmann HA (1964) Stratigraphie und Tektonik des Gosaubeckens von Gams (Steiermark, Österreich). Jahrb Geol Bundesanst 107:71–159

Kollmann HA (1967) Die Gattung Trochactaeon in der ostalpinen Oberkreide. Ann Naturhist Mus Wien 71:117–198

Kollmann, H.A. (2009). A Review of the Geology of the Late Cretaceous-Paleogene Basin of Gams, Eastern Alps, Austria). In: Grachev, A.F. (Ed): The K/T Boundary of Gams (Eastern Alps, Austria) and the Nature of Terminal Cretaceous Mass Extinction. Abhandlungen der Geologischen Bundesanstalt 63, 9–18

Kollmann HA (1964) Stratigraphie und Tektonik des Gosaubeckens von Gams (Steiermark, Österreich). Jahrb Geol Bundesanst 107:71–159

Kollmann HA, Sachsenhofer RF (1998) Zur Genese des Gagats von Gams bei Hieflau (Oberkreide, Steiermark). Mitteilungen der Abteilung für Geologie und Paläontologie am Landesmuseum Joanneum SH 2:223–238

Kreuss, O. (2014). Geofast Geologische Karte der Republik Österreich, 1 : 50 000, Blatt 100 – Hieflau, Stand 2014, Ausgabe 2014/09. Geologische Bundesanstalt

Krystyn, L. (1991). Die Fossillagerstätten der alpinen Trias. In: Nagel, D, Rabeder G. (Eds.) Exkursionen im Jungpaläozoikum und Mesozoikum Österreichs. Österreichische Paläontologische Gesellschaft, 23–78

Lahodynsky R (1988) Geology of the K/T boundary site at Knappengraben creek (Gams, Styria). IGCP Project 199. Excursion Guide. Berichte Geologische Bundesanstalt 15:33–36

Orbigny A.D. d'. (1842–1843). Paléontologie française. Description zoologique et géologique de tous les animaux Mollusques et Rayonnés fossiles de France. Terrains crétacés. Tome 2. Paris. 456 pp. [1–224 (1842), 225–456 (1843)

Ösi A, Szabó M, Kollmann H, Wagreich M, Kalmár R, Makádi L, Szentesi Z, Summesberger H (2019) Vertebrate remains from the Turonian (Upper Cretaceous) Gosau Group of Gams, Austria. Cretac Res 99:190–208

Österreichische Karte (1997). Eisenerz 101. ÖK 1:50 000, Bundesamt für Eich- und Vermessungswesen, Wien

Österreichische Karte (1997). Hieflau 100. ÖK 1:50 000, Bundesamt für Eich- und Vermessungswesen, Wien

Pavuza R., Stummer G. (2005). Die Kraushöhle bei Gams (1741/1). Karst- und höhlenkundliche Streiflichter, Speldok 14, Wien – Weng, 32–34

Peters C (1852) Beiträge zur Kenntnis der Lagerungsverhältnisse der oberen Kreideschichten in den Alpen. Abhandlungen der Geologischen Reichsanstalt 1(2):1–20

Piller, W.E. et. al (2004): Die stratigraphische Tabelle von Österreich 2004 (sedimentäre Schichtfolgen). – Kommission für die paläontologische und stratigraphische Erforschung Österreichs, Österreichische Akademie der Wissenschaften und Österreichische Stratigraphische Kommission, Wien

Plan L. (2012). Schwefelsäure ätzte Kraushöhle in Karst. Interview Salzburger Nachrichten (4. Mai 2012)

Plan, L. (2005). Karst und Höhlen im westlichen Hochschwab. Karst- und höhlenkundliche Streiflichter, Speldok 14, Wien – Weng, 20

Pokorny, G. (1959). Die Actaeonellen der Gosauformation. Sitzungsberichte der Österreichischen Akademie der Wissenschaften, Mathematisch-naturwissenschaftliche Klasse, 1. Abteilung, 168, 10, 945–978

Sachsenhofer, R. F. (1988). Gagat in den Ostalpen. „Glas und Kohle" anlässlich der Landesausstellung 1988, Leykam Verlag, S. 43–44

Sanders D, Pons JM (1999) Rudist formations in mixed siliciclastic-carbonate depositional environments, Upper Cretaceous, Austria: Stratigraphy, sedimentology, and models of development. Palaeogeogr Palaeoclimatol Palaeoecol 148(4):249–284

Siegl-Farkas A, Wagreich M (1997) Correlation of palyno- (spores, pollen, dinoflagellates) and calcareous nannofossil zones in the Late Cretaceous of the Northern Calcareous Alps (Austria) and the Transdanubian Central Range (Hungary). Advances in Austrian-Hungarian Joint Geological Research, Budapest 1996:127–135

Spaun G (1968) Die geologischen Vorarbeiten und der Sondierstollen des Ennskraftwerkes Landl (with a contribution by H. Kollmann). Mitteilungen der Gesellschaft der Geologie- und Bergbaustudenten in Wien 18:341–366

Stradner H, Eder G, Grass F, Lahodynsky R, Mauritsch HJ, Preisinger A, Rögl F, Surenian R, Zeissl W, Zobetz E (1987) New K/T boundary sites in the Gosau Formation of Austria. Terra Cognita 7:7

Stummer, G. (2005). Karst und Höhlen im Naturpark Eisenwurzen. Karst- und höhlenkundliche Streiflichter, Speldok 14, Wien – Weng, 17–19

Summesberger H, Kennedy WJ (1996) Tiironian Ammonites from the Gosau Group (Upper Cretaceous; Northern Calcareous Alps; Austria) with a revision of Barroisiceras haberfellneri (HAUER, 1866). Beitr Paläontol 21:105–177

Tollmann A (1976) Analyse des klassischen nordalpinen Mesozoikums. Deuticke, Wien, S 1–576

Tourismusverein Gams bei Hieflau (Hrsg) (2003). GeoPfad und GeoRad Gams bei Hieflau. Geoline, 1–71

Wagreich M, Böhm F, Lobitzer H (1996) Sedimentologie des kalkalpinen Mesozoikums in Salzburg und Oberösterreich (Jura, Kreide). Exkursionsführer, Sediment 1996. Geozentrum Wien. Berichte der Geologischen Bundesanstalt 33:1–58

Wagreich M, Faupl P (1994) Paleogeography and geodynamic evolution of the Gosau Group of the Northern Calcareous Alps (Late Cretaceous, Eastern Alps, Austria). Palaeogeogr Palaeoclimatol Palaeoecol 110:235–254

Wagreich, M., Kollmann, H.A., Summesberger, H., Egger, H., Sanders, D., Hobiger, G., Mohamed, O., Priewalder, H. (2009). Stratigraphie der Gosau-Gruppe von Gams bei Hieflau (Oberkreide-Paläogen, Österreich). Arbeitstagung der Geologischen Bundesanstalt 2009, Leoben, 81–105

Geopark Hotspot Landl: Großreifling, Hieflau und Palfau

▶ *Neben Gams bei Hieflau gibt es in der großen Gemeinde Landl noch viele weitere geologische und paläontologische Highlights zu entdecken. Dieses Kapitel widmet sich den Ortschaften Landl (Abb. 6.1), Großreifling (Abb. 6.2), Hieflau (Abb. 6.3) sowie Palfau (Abb. 6.4).*

6.1 Geschichte von Landl mit Großreifling, Hieflau und Palfau

Erste urkundliche Erwähnungen von 1273 bestätigen den Kirchenbau St. Bartholomä und den Ort „Länntlein" 1422. Der Ort Palfau findet sich 1280 als „Palfawe" urkundlich erwähnt. Die ersten Ansiedlungen waren geprägt durch die Land- und Forstwirtschaft sowie der Nähe zum Steirischen Erzberg mit Hammerwerken und Holzkohlenproduktion. Großartige Baudokumente, wie der Radstatthof in Mooslandl, Getreidespeicher, Nikolauskirche, Kohlwaage in Großreifling und Reste des großen Gasteiger Holzfangrechens zeugen heute noch von der Zeit der Holzkohlewirtschaft. Palfaus jüngere historische Bedeutung geht besonders auf seine Lage an der Eisenstraße zurück. Ursprünglich befand sich in Mendling, an der Steiermärkisch-Österreichischen Grenze, die Zoll- und Mautstation. Später wurde bis in die 1880er-Jahre die Maut direkt in Palfau erhoben. In den letzten Jahrzehnten hat sich in Landl sanfter Naturtourismus, durch die Kulisse von Nationalpark Gesäuse, Natur- und Geopark und Wildnisgebiet Dürrenstein-Lassingtal, als ein wesentlicher Wirtschaftsfaktor etabliert.

Abb. 6.1 Der Ortsteil Mooslandl mit dem beliebten Badeteich. (S. Leitner)

Abb. 6.2 Großreifling an der Enns in Blickrichtung Gesäuse. (S. Leitner)

6.1 Geschichte von Landl mit Großreifling, Hieflau und Palfau

Abb. 6.3 Hieflau mit der Alten Schule, heute eine Unterkunft des Naturpark Ressorts. (T. Sattler)

Abb. 6.4 Steile Konglomeratwände und türkisblaues Wasser der Salza locken viele Wassersportler in die Ortschaft Palfau und Umgebung. (S. Leitner)

6.2 Ganser Grotte

300 m über der Enns in Mooslandl liegt die Hochfläche der Salza, die in der Eiszeit als festes Konglomerat zementiert wurde. Die heute fest verbundenen Gerölle wurden als Schotter in einem Schmelzwassersee am Rand des Gletschers abgelagert. Wie der Name schon vermuten lässt, ist die Ganser Grotte keine Höhle im klassischen Sinn, die durch Verkarstung entstanden ist. Vielmehr handelt es sich hier um die Reste eines ehemaligen Steinbruchs unter Tage, um aus diesem Konglomerat Mühlsteine herzustellen (Abb. 6.5).

Abb. 6.5 Ganser Grotte in Mooslandl. (H. Peterherr)

CSI Steckbrief

Tatort	Mooslandl
GPS-Daten	47° 39′ 20″ N, 14° 47′ 03″ E
Alter	Günz, Pleistozän, Quartär
Lithologische Einheit	Hochterrassen

Lithologie	Konglomerat
Täter	Eisstrom und Wasser

6.3 Rochushöhle

Im Dietrichshagriedel nördlich von Krippau liegt in 800 m Seehöhe (Gemeinde Landl) diese 22 m lange Höhle mit einem Altar, um die sich viele Sagen ranken. Sie ist eine der ältesten Quellenkultstätten und Volkswallfahrtsstätten der Steiermark und dem Heiligen Rochus (Pestheiliger) geweiht. Dem Wasser, das in dieser Höhle zu Tage tritt, wird Heilkraft zugesprochen (vor allem für Augen- und Pesterkrankungen), obwohl chemische Analysen keine Besonderheiten erkennen lassen. Zwei Votivbilder am Aufstieg zeugen von dieser Heilwirkung. Links oberhalb des Eingangs befindet sich ein 1 m langes, enges Loch. Die Legende besagt, dass man seine Kreuzschmerzen „abstreifen" könne wenn man dreimal durch diese Engstelle kriechen würde.

CSI Steckbrief

Tatort	Krippau bei Landl
GPS-Daten	47° 41′ 55″ N, 14° 41′ 38″ E
Alter	Anisium/Ladinium, Mitteltrias
Lithologische Einheit	Reifling-Formation
Lithologie	Dunkel- bis hellgraue Kalke, massive Kalkkonkretionen, Mudstones, Wackestones bis Packstones
Täter	Wasser und Kohlensäure

Abb. 6.6 Die Wasserlochklamm in Palfau beeindruckt mit spektakulären Wasserfällen. (S. Leitner)

6.4 Palfauer Wasserlochklamm

„Schmale Canyons, berauschende Wasserfälle, tiefe Einblicke und weite Ausblicke …" – so wird die Wasserlochklamm als Ausflugsziel im Geopark Steirische Eisenwurzen angepriesen (Abb. 6.6).

Eine 21 m hoch über dem Salzatal gespannte, 65 m lange Hängebrücke führt zum Einstieg in die enge Wasserlochklamm. Die von der Gemeinde Palfau errichtete Steiganlage aus massivem Holz führt an fünf imposanten Wasserfällen mit insgesamt 152 m Fallhöhe vorbei und überspannt Schluchten, bis man den Schleierfall erreicht, der zweistufig 67 m in die Tiefe stürzt. Am Ziel angekommen, steht man in der Quellhöhle des Palfauer Wasserlochs, die einen Siphon überwölbt.

Diese mächtige Karstquelle bei Palfau in 810 m Seehöhe birgt auch heute noch viele Geheimnisse zum Höhlensystem im Berginneren. Die Wasserlochklamm selbst ist durch die rückschreitende Verkarstung des Dachsteinkalks und des Hauptdolomits entstanden.

Die Erforschung dieses wassergefüllten Höhlensystems, das im Wasserloch seinen Höhleneingang bzw. Höhlenausgang hat, ist sehr abenteuerlich, da sie nur durch Tauchgänge möglich ist, die zuletzt in den Jahren 2003 und 2004 durchgeführt wurden. Dabei konnten vom Höhleneingang eine Strecke von 188 m Strecke und eine Tiefe von 71 m unter der Wasseroberfläche erfasst werden. Die Schüttung dieser Karstquelle schwankt in Abhängigkeit von der Witterung zwischen 60 und 6000 l/s, was sich enorm auf die Strömungsgeschwindigkeit in der Höhle auswirkt und die Erforschung, gemeinsam mit der Wassertemperatur von 5–6 °C extrem erschwert. Zudem treten, sehr spektakulär, unvorhersehbare und von Niederschlägen unabhängige, spontane Schüttungsanstiege auf, die mit der Entleerung eines Siphons erklärt werden.

6.4.1 Geologischer Rahmen und Einzugsgebiet

Die Wasserlochklamm liegt an der Westseite des Hochkars, das Teil der Göstlinger Alpen ist. Der Wasserlochbach mit seinem Wasserloch ist eine typische Karsterscheinung. In den Klüften und Spalten unterhalb des Hochkargipfels versiegt der Niederschlag als sogenannter grüner Karst, um oberhalb des Wasserlochs wieder zutage zu treten. Einem großen Trichter gleich fließt das Wasser in eine tunnelartige Verengung, die zuerst vermutlich senkrecht nach unten führt. Dann biegt sie sich um 180°, um wieder fast senkrecht nach oben zu führen, und bildet somit einen natürlichen Siphon im Kalkgestein. Die Entstehung verdankt das

Wasserloch den erosiven Eigenschaften des Wassers auf den Kalkfelsen. Aus diesem Siphon entspringt schließlich der Bach, der sich nun treppenartig über zahlreiche Wasserfälle, der Salza entgegen, zu Tale stürzt.

> **Bericht der spektakulären Höhlenerkundung**
> Wie das Höhlensystem tatsächlich verläuft, konnte in den Jahren 2003 und 2004 nur zum Teil erkundet werden. Die Höhle wurde in 16 Tauchvorstößen mit 76 Flaschen bis zu ihrem tiefsten Punkt auf −71 m betaucht, vermessen und in den drei Seitengängen befahren. Der erste Seitengang, schon 2003 entdeckt, steigt senkrecht bis auf 13 m an, wird sehr schlammig und weist schließlich weniger als 50 cm Durchmesser auf, sodass er auch mit Minimalausrüstung nicht mehr befahren werden konnte. Die beiden anderen Seitengänge erwiesen sich als Schuppen, die blind enden: Die eine auf 28 m ist waagerecht und 8 m lang, die andere von 33–42 m führt wieder senkrecht in die Hauptkluft zurück. Der Rand dieser Schuppe verläuft messerdünn und teilt sich in seinem Verlauf nochmals in mehrere dünne Lamellen, weshalb die Schuppe den Namen „Luftfilter" erhielt.
> Der Hauptgang zieht als Kluftspalt mit zahlreichen Schuppen und Auskolkungen in einer Länge von 10–15 m und einer Breite von 1–4,5 m etwa in Süd-Nord-Richtung, ist im Profil um 12° nach Osten geneigt und um sich torquiert senkrecht bis auf 33 m Tiefe. Dann verläuft er in einem Gefälle von etwa 45° bis auf −65 m und danach noch 20 m horizontal. Der Boden besteht von −33 m bis −65 m aus einer Schutthalde mit größeren und kleineren Versturzblöcken, von −65 m bis −71 m zuerst aus Kies, dann aus Sand. Danach steigt der Siphon in einem senkrechten, glattwandigen Schacht an, der bis auf 55 m betaucht wurde. Mehrere kleinvolumige, aber strömungsstarke Zuflüsse sind zwischen 12 und 6 m Wassertiefe vorhanden, durch die auch Sedimente eingebracht werden. Die Sicht schwankt, abhängig von der Schüttung, zwischen 1 und 4 m. Die Schüttung beim Höhleneingang schwankt witterungsbedingt zwischen 60 und 6000 l/s (40 und 240 cm Pegelstand am Beginn der Tauchstrecke). Die Taucher mussten daher zeitweise mit Zugseilen und Umlenkungen zur Abtauchzone „gezerrt" werden. Unabhängig von Schüttungsanstiegen durch heftige Regenfälle steigt, wahrscheinlich durch die Entleerung eines Siphons, die Schüttung ohne Vorwarnung innerhalb weniger Stunden. Auf Grund dieser

dieser widrigen Verhältnisse mussten im Jahr 2003 viele Tauchversuche abgebrochen werden. Erst der Einbau einer Tauchplattform beim Höhleneingang ermöglicht nun einen ungestörten Tauchbetrieb. Die weitere Erforschung gestaltet sich schwierig, da schon jetz eine lange Tauchzeit von 77–106 min bei einer Wassertemperatur von 5-6 °C nötig sind. Die Tauchgänge im August 2005 brachten aufgrund technischer Probleme keine neuen Erkenntnisse (Abb 6.7 und 6.8).

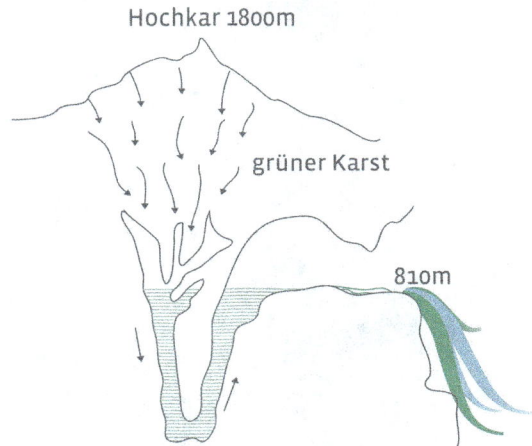

Abb. 6.7 Karstsystem der Wasserlochhöhle (Wasserlochklamm)

Abb. 6.8 Quellhöhle Wasserloch auf 810 m Seehöhe. (A. Pribil)

CSI Steckbrief

Tatort	Palfau
GPS-Daten	47°39′22.5″N, 14°47′02.0″E
Alter	Mittlere Trias
Lithologische Einheit	Dachsteinkalk
Lithologie	Kalk

6.5 Massen von Ammoniten an der Enns – das *Balatonites*-Vorkommen

Im verschlafenen Dorf Großreifling, an einer 90°-Schlinge der Enns gelegen, verbergen sich wahre Schmuckstücke der Erdwissenschaften (Abb. 6.9) – ein Eldorado für Geologen und Paläontologen. Das tosende Rauschen des unweit gelegenen Ennskraftwerkes Großreifling bändigt hier die Gewässer gleich unterhalb des Zusammenflusses der mächtigen Enns und der kleineren Salza. In diesem hügeligen und stark bewaldeten nördlichen Teil der Ennstaler Alpen sind Gesteine des frühen Mesozoikums, des Erdmittelalters, aufgeschlossen.

Abb. 6.9 Der wissenschaftlich bedeutende Rahnbauerkogel liegt nördlich der Enns-Schlinge in Großreifling. (A. Lukeneder)

6.5.1 *Balatonites* in stinkendem Gestein

Die fossilführenden Schichten in Großreifling sind teilweise seit über 100 Jahren bekannt – zuerst lediglich den frühen Geologen, die den alpinen Aufbau untersuchten und die Fossilien dokumentierten, später auch der breiten Gemeinschaft der leidenschaftlichen Fossilsammler. Dem Autor, einst vor 40 Jahren selbst begeisterter Fossilsammler, wurde diese Triaslokalität bei Großreifling erst später als Student unter dem Namen „Rahnbauerkogel" nähergebracht. Schon damals in den 1980er-Jahren waren die Fossillokalitäten extrem schlecht aufgeschlossen und von Sammlern bereits ausgebeutet. Das Gelände ist extrem steil, und die Gesteinsbrocken, die sich durch das Gehen oder Sammeln lösen, donnern, Geschossen gleich, zu Tale, wo sie auf öffentliche Straßen treffen können, so sie nicht von Fangnetzen gestoppt werden (Abb. 6.10). All das konnte und kann die Sammlertätigkeit nicht stoppen, zumal ja mit die tollsten Fossilfunde lockten, zumeist mit hellem Kalzit gefüllte, stark berippte Ammoniten, kontrastreich

Abb. 6.10 Schnitt durch die fossilreichen Schichten Großreiflings aus der Triaszeit, mit deutlichen Querschnitten von Ammoniten. (A. Lukeneder)

Abb. 6.11 Häufung der Ammoniten *Balatonites* auf einer Schichtfläche der Gutenstein-Formation. (A. Lukeneder)

abgehoben zum pechschwarzen Sedimentgestein. Hier dominiert mit großem Abstand die Ammonitengattung *Balatonites* (Abb. 6.11). Eine Eigenheit des Gesteins ist außerdem der schwefelige Gestank des bituminösen Teils, der sich beim Anschlagen des gut spaltenden Materials ausbreitet. Der intensive Geruch hat seinen Ursprung eindeutig in der Häufung der enthaltenen organischen Kohlenstoffverbindungen, die beim Anschlagen mit Geologenhammer den schwefeligen Geruch abgeben, woher auch die Bezeichnung „Stinkkalke" stammt.

Abb. 6.12 Der Hauptdarsteller *Balatonites egregius* aus dem Triasmeer von Großreifling. (A. Lukeneder)

6.5.2 Geologischer Rahmen von Großreifling

Das bestimmende Merkmal im Ennstal bei Großreifling sind die mächtigen Gesteinsserien der Triaszeit. Neben zumeist hellgrauen bis schwarzen Kalken können aber auch Dolomite, Kalkmergel, Tongesteine und Sandsteine auftreten. Zum Teil finden wir auch den Namen des Ortes Großreifling in den Bezeichnungen der Gesteinsformation wieder, die Reifling-Formation oder Reiflinger Kalk. Der dominierende Reiflinger Kalk wird von Kalken der Steinalm-Formation und der Gutenstein-Formation unterlagert und von jüngeren Partnachschichten, Wettersteinkalken, Göstlinger Kalken, Reingrabener Schichten und Lunzer Sandsteinen begleitet. Sie alle sind Teil der Nördlichen Kalkalpen, in diesem Bereich der Reiflinger-Scholle.

CSI Steckbrief

Tatort	Rahnbauerkogel bei Großreifling
GPS-Daten	47°40'13.5"N, 14°43'2.2"E
Alter	Anisium, mittlere Trias, Mesozoikum
Einfallen der Schichten	40°/180°
Lithologische Einheit	Gutenstein-Formation
Lithologie	Dunkel- bis hellgraue Kalke, bituminöse Teile, Mudstones bis Wackestones
Dünnschliffe	Biogenreicher Kalk, Ammoniten, Bivalven, Gastropoden, Radiolarien, Schwammnadeln
Fossile Opfer	Ammoniten mit *Balatonites egregius* (Abb. 6.12), *Norites, Ptychites, Beyrichites, Discophyllites, Acrochordiceras,* Bivalvia mit *Enteropleura bittneri,* Gastropoda, Brachiopoda, Kieselschwämme
Täter	Änderung im Chemismus des Meerwassers
Status	Von Privatsammlern und Wissenschaftlern stark besammelt, heute schlecht aufgeschlossen, Gefahr durch Steinschlag (Mensch und Wild)
Besitz	Private, Österreichische Bundesforste

6.5 Massen von Ammoniten an der Enns – das Balatonites Vorkommen

Die Enns als Namensgeber – *Anisius fluvius*

Die verschiedenen geologischen Stufen der Trias wurden und werden je nach ihrem Vorkommen nach Regionen, Orten oder Völkern benannt. So unterscheidet man als Epochen die frühe, die mittlere und die späte Trias. Die einzelnen Epochen werden weiter in die einzelnen Stufen der Untertrias mit Induanium und Olenekium, der Mitteltrias mit Anisium und Ladinium sowie der Obertrias mit Karnium, Norium und Rhaetium unterteilt. Und eben die untere Stufe der Mitteltrias, das Anisium, ist nach dem mächtigen Fluss der Enns, lateinisch *Anisus fluvius,* benannt. Die Enns entspringt am Fuß des salzburgischen Kraxenkogels auf 1750 m Seehöhe, fließt dann durch die Steiermark, bildet im Unterlauf die Grenze von Oberösterreich und Niederösterreich und mündet bei Mauthausen nahe der Stadt Enns in die Donau. Geologen wie Carl Diener und Wilhelm Heinrich Waagen untersuchten im späten 19. Jahrhundert um 1895 die Geologie im Bereich um Großreifling in der Obersteiermark. Sie entdeckten dabei unzählige Arten von Ammoniten wie *Balatonites egregius* und Gesteinsschichten mit angehäuften Ammoniten um den heutigen Rahnbauerkogel (Rainbauernkogel) (Abb. 6.13). Die Aufzeichnungen der beiden Wissenschaftler zu den exakten Fundsituationen und geologischen Gegebenheiten der Enns bei Großreifling gingen über die Jahrhunderte verloren, und so wurden eine perfekt erhaltene Lokalität in Rumänien (Dobrudscha) und andere mögliche Kandidaten in China als mögliche Typlokalitäten für das Anisium auserwählt. Der internationale Name für die unterste stratigrafische Stufe der mittleren Trias blieb aber als Anisium weltweit erhalten. Sie gibt einem Zeitraum von 247,2 bis 242 Mio. Jahren, ursprünglich mit Ammoniten von Großreifling definiert, den passenden stratigrafischen, also relativen zeitlichen Namen.

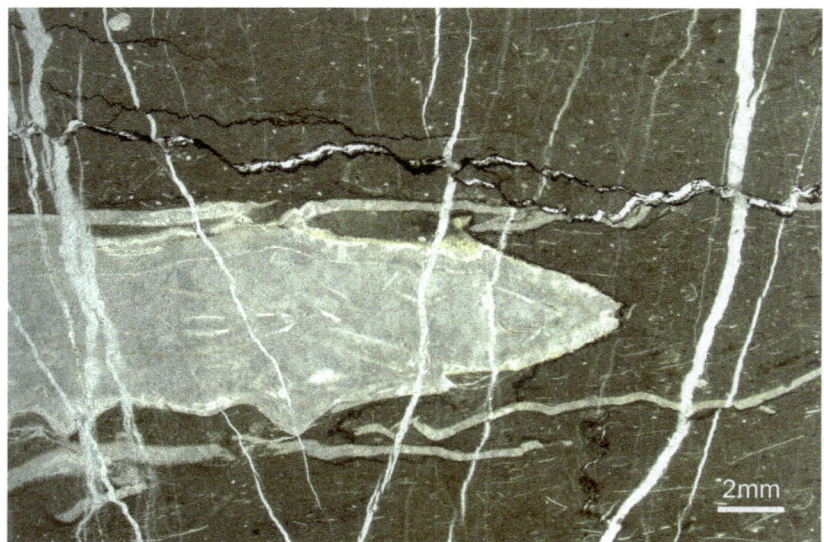

Abb. 6.13 Dünnschliff durch den lagigen Kalk der Gutenstein-Formation mit *Balatonites*, Radiolarien und Ostrakoden. (A. Lukeneder)

6.6 Rätsel um Fischsaurier von Großreifling – der verschwundene Kopf

Ein wahres Juwel der Paläontologie wurde 1843 von Pater Engelbert Pranger vom Benediktinerstift Admont geborgen. Zu dieser Zeit war der kleine Steinbruch am Ausgang des Scheiblinggrabens in Großreifling im Besitz des Stiftes Admont (Abb. 6.14). Auch heute kann man die Reste des längst aufgelassenen Steinbruchs an der Ausfahrt nach Sankt Gallen hinter einem Firmengebäude sehen. Es sind die typisch hellgrauen Reiflinger Kalke, die hier anstehen, und damals auch zum Bau des Stiftes Admont verwendet wurden. Die große Härte und das knollige Aussehen machten diesen Kalk für das Bauwesen von Bedeutung. Das lässt sich auch heute noch an den mächtigen Stützmauern entlang der Enns von Großreifling nach Palfau beobachten, wo Tausende Gesteinsquader aus Reiflinger Kalk Verwendung fanden.

6.6 Rätsel um Fischsaurier von Großreifling – der verschwundene Kopf

Abb. 6.14 In diesem historischen Steinbruch wurde der berühmte Fischsaurier aus Großreifling gefunden. (A. Lukeneder)

6.6.1 Fischsaurier in Flammen

Beim Fischsaurier aus Großreifling handelt es sich um den einzigartigen Fund eines langschwänzigen Ichthyosauriers, eines urtümlichen Fischsauriers mit mächtigem Kopf. Ein 10 m langer, delfinartiger Jäger, der im Reiflinger Meer vor rund 240 Mio. Jahren nach Fischen, aber auch Kopffüßern (Cephalopoden) wie Ammoniten und Tintenfischen jagte.

Den vollständigen, bis zu 2 m großen Fund zeigt einzig eine Zeichnung, angefertigt um 1848 von Förster Vincent Schmitt. Sie wurde in Gustav von Arthabers Abhandlung über die Fossilien Großreiflings im Jahr 1896 wieder abgebildet (Abb. 6.15). Dabei ist zu erkennen, dass allein der Schädel des Tieres zirka 1 Meter lang war und auch einige Wirbel sowie einige Knochenteile der Extremitäten vorhanden waren. Die Gesteinsplatte wurde nach der Bergung zuerst im *„Naturalien Cabinet"* des Stiftes Admont ausgestellt.

Dann die fatale Katastrophe: Der Stiftsbrand am 27. April 1865 zerstörte große Teile des alten Stiftes, darunter auch die Naturaliensammlung samt Saurierfossil. *„Das Stift brennt – heute existiert kein Admont mehr"*, so die eindrückliche Beschreibung des verheerenden Brandes. Pater Thassilo Weymayr rettete einige Wirbel und Fragmente aus den Ruinen des Brandes, der Schädel des Tieres war jedoch unwiederbringlich verloren. Teile des heutigen Stiftes sind sozusagen auf dem Fischsaurierschädel erbaut. Ein Team des Naturhistorischen Museums

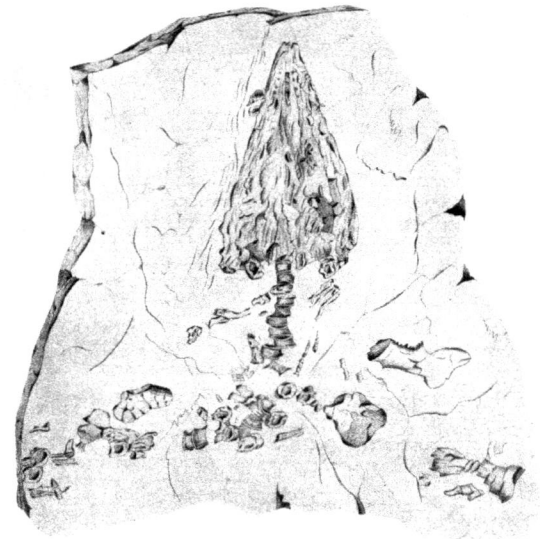

Abb. 6.15 Ursprüngliche Zeichnung des Fischsauriers um 1848 von Vincent Schmitt. (aus Arthaber 1895/1896; A. Lukeneder)

6.6 Rätsel um Fischsaurier von Großreifling – der verschwundene Kopf

Abb. 6.16 Drei Wirbel des 1843 in Großreifling gefundenen Fischsauriers. (A. Lukeneder)

Wien scannte im März 2023 für wissenschaftliche Zwecke die übrig gebliebenen Fischsaurierreste, welche im heutigen Stift Admont ausgestellt sind, mittels 3-D-Handscanner. Diese kann sich zukünftig jeder im digitalen 3-D-Museum ansehen (Abb. 6.16).

CSI Steckbrief

Tatort	Großreifling
GPS-Daten	47°39′54.6″N, 14°42′35.4″E
Alter	Ladinium, mittlere Trias, Mesozoikum
Einfallen der Schichten	45°/160°
Lithologische Einheit	Reifling-Formation
Lithologie	Dunkel- bis hellgraue Kalke, massive Kalkkonkretionen, Mudstones, Wackestones bis Packstones

Dünnschliffe	Biogenreich, Radiolarien, Massen von Schwammnadeln
Fossile Opfer	Ichthyosaurier (Abb. 6.17), Ammoniten, Gastropoden, Brachiopoden, Kieselschwämme (Abb. 6.18)
Täter	Natürlicher Tod
Status	Vorhanden, aufgelassener Steinbruch hinter Firmengelände
Besitz	Private, Österreichische Bundesforste

Abb. 6.17 Rekonstruktion eines mesozoischen Fischsaurierkopfes mit deutlicher Bezahnung. (A. Lukeneder/7reasons)

6.6 Rätsel um Fischsaurier von Großreifling – der verschwundene Kopf

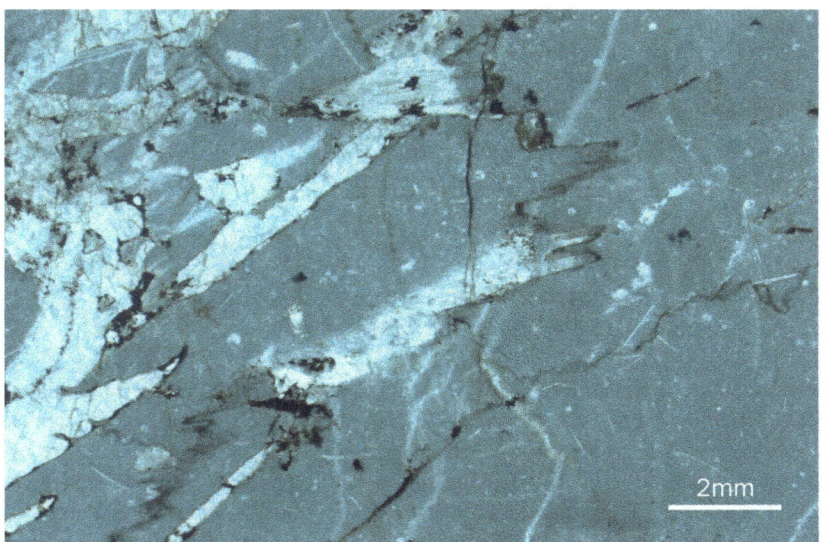

Abb. 6.18 Dünnschliff durch die grauen Kalke der Reifling-Formation mit Radiolarien, Bivalven und Ammoniten. (A. Lukeneder)

Cymbospondylus – **Gigant in den urzeitlichen Meeren ob der Enns**
Die Gattung *Cymbospondylus* war ein basaler Ichthyosaurier der frühen und mittleren Trias. Mit einer Länge von bis zu 18 m gehörte diese Gattung zu den größten Fischsauriern überhaupt. Die Gattung ist nahezu kosmopolitisch und bis heute aus China, der Schweiz und Deutschland, aus Norwegen (Insel Spitzbergen), Kanada und aus den USA (Nevada) bekannt, wo sie auch 1868 von Joseph Leidy erstmals beschrieben wurde. Der Schädel beinhaltete relativ kleine Augen und konnte bei der größten Art *Cymbospondylus youngorum* bis zu 2 m erreichen Der Schädel war auch beim Großreiflinger Exemplar 1 m lang. Alleinstellungsmerkmal war die fehlende oder winzige Rückenflosse und der lange, nach unten geführte Teil der Schwanzflosse. Mit bis zu 40 t waren die größten Vertreter wahre Giganten der Trias-Ozeane. Nach Funden von fossilen Mageninhalten bei *Cymbospondylus* wissen wir, dass der aktive Jäger mit seinen vier Paddelflossen auch triassische Tintenfische und Fische gejagt hat. Die exakte taxonomische Stellung dieser ursprünglichen Fischsauriergruppe ist aber

noch heute Thema von umfangreichen wissenschaftlichen Diskussionen. Gerade deshalb wäre der Großreiflinger Fund von so immenser Wichtigkeit gewesen, wobei natürlich dem Schädel die größte Bedeutung bei der Bestimmung und exakten taxonomischen Zuordnung zukommt.

6.7 Klimakatastrophe im Geopark Steirische Eisenwurzen – die Karnische Krise

Verborgen im Süden Großreiflings, in der Gemeinde Landl an einer kleinen Forststraße in einem vom Scheiblingbach gebildeten kleinen Graben, zeigen sich die Spuren einer der größten Klimakatastrophen der Erdgeschichte, geschützt von Bäumen und Erde (Abb. 6.19). Wanderer und Radfahrer passieren so unbewusst eine Grenze, an der es weltweit zum Sturz im marinen Ökosystem kam und viele Tiergruppen durch den drastischen Klimawandel massive Einschnitte hinnehmen mussten oder gar ausstarben. Genau aus diesem Grund und dem internationalen Interesse der Wissenschaft und einer breiten Öffentlichkeit zum Thema Klimawandel ist diese Lokalität gegenwärtig Ziel eines mehrjährigen Forschungsprojekts zur Karnischen Krise.

6.7.1 Weltweite Klimakrise mit fatalen Folgen

Eine weltweite Krise von gigantischem Ausmaß kann nur an wenigen Stellen Österreichs beobachtet werden und tritt hier an Ort und Stelle zutage. Die fraglichen Gesteinsschichten sind entlang einer geologischen Zone von Sankt Gallen über Großreifling und Palfau in der Steiermark nach Göstling, Lunz am See und Rohr im Gebirge bis an die Ostgrenze der Nördlichen Kalkalpen bei Mödling zu verfolgen. Die internationale Forschung wird vom Land Niederösterreich, den Freunden des Naturhistorischen Museums Wien, der Naturkundlichen Gesellschaft Mostviertel sowie den Marktgemeinden Lunz am See und Gaming im Rahmen dieses Klimaprojekts über drei Jahre kofinanziert. Dabei wird das Forscherteam (Leitung A. Lukeneder) von Naturparkverantwortlichen und den Österreichischen Bundesforsten sowie unzähligen Privatgrundbesitzern bei der Forschung unterstützt. Hauptziel der vielfältigen und modernen Untersuchungen

Abb. 6.19 Bachlauf über die Schichten der Göstlinger Kalke in Großreifling. (A. Lukeneder)

um diesen Bereich der Nördlichen Kalkalpen bei Großreifling sind überwiegend Gesteine der tonigen Reingrabener Schichten. Begleitet werden diese feingeschichteten Reingrabener Schichten durch die Sandsteine der Lunz-Formation, welche die weltberühmte triassische Lunz-Flora führt (Abb. 6.20). Diese kohleführenden Ablagerungen wurden Jahrhunderte angebaut und erbrachten so, sozusagen als Nebenprodukt und Beifang, die wunderbaren Pflanzenfossilien wie Farne und Bärlappe der späten Triaszeit. Diese Fossilien dürfen in keinem bekannten Museum weltweit in den Ausstellungen und Sammlungen fehlen. So kann man schöne Sammlungen dieser botanischen Fossilien im Wiener Naturhistorischen Museum bestaunen. Die schwarzen tonigen Ablagerungen der Reingrabener Schichten hingegen wissen mit anderen Eigenschaften zu glänzen, beinhalten sie doch eine Konservat-Lagerstätte von Weltruf.

Abb. 6.20 Feingeschichtete Kalke und Tongesteine der Reingrabener Schichten. (A. Lukeneder)

6.7.2 Konservat-Lagerstätte von Weltruf

Konservat-Lagerstätten zeichnen sich durch besonders gute Erhaltung der eingeschlossenen Fossilien und deren vollständige Erhaltung aus. In einem Vorgängerprojekt, kofinanziert durch das Land Niederösterreich (Wissenschaft und Forschung) und die Österreichischen Akademie der Wissenschaften (Geo/Hydro Sciences), wurde eine einzigartige Fossilfundstelle in Niederösterreich erforscht. Seit über 140 Jahren ist die Gegend um Lunz für ihren Fossilreichtum bei Wissenschaftler:innen, aber auch bei Citizen Scientists bekannt. Auf der Suche nach Kohle wurden schon im späten 19. Jahrhundert um 1880 Stollen in das Gestein getrieben. Die Entdeckung von Fossilien in diesen Stollen war also ein Nebenprodukt der Kohlegewinnung. Die Geologische Bundesanstalt Wien und das Naturhistorische Museum veranlassten daraufhin Grabungen zur Fossilgewinnung. Tausende Fossilien konnten so gewonnen werden, wurden aber nur teilweise bearbeitet und bilden somit die Grundlage der heutigen Untersuchungen. In den marinen Sedimentgesteinen der späten Triaszeit wurden ausgezeichnet erhaltene Ammoniten, Tintenfische, Muscheln, Schnecken, Krebse, Borstenwürmer, verschiedenste Fische sowie ein Lungenfisch und Pflanzenreste entdeckt (Abb. 6.21). Sowohl die große Diversität der entdeckten Fauna als auch

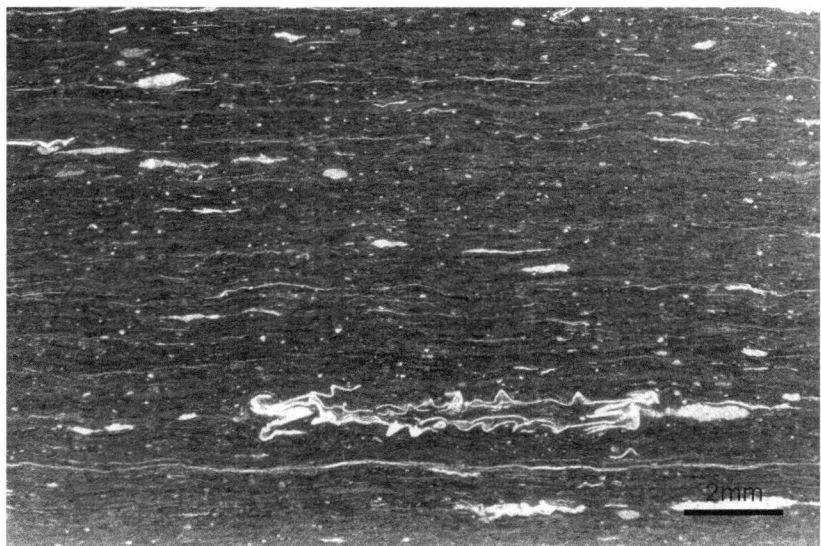

Abb. 6.21 Dünnschliff der fein laminierten Reingrabener Schichten mit Ammoniten, Bivalven und Ostrakoden. (A. Lukeneder)

die fantastische Erhaltung der Fossilien dieser Konservat-Lagerstätte machen diesen Fundpunkt zur einzigartigen Möglichkeit, die Umwelt der späten Triaszeit bestmöglich zu erforschen und so neue Erkenntnisse hinsichtlich der marinen Vergesellschaftung und des Klimas zu gewinnen. Die einzigartige Stellung dieser niederösterreichischen Spezialität wird nun durch die Lokalität in Großreifling erweitert. Erste Ergebnisse an der steirischen Fundstelle zeigen ein ebenso fantastisches Fossilvorkommen in der Karnischen Krise an der Enns.

CSI Steckbrief

Tatort	Scheiblinggraben, Großreifling
GPS-Daten	47°39′52.5″N, 14°42′28.4″E
Alter	Karnium, späte Trias, Mesozoikum
Einfallen der Schichten	50°/150°
Lithologische Einheit	Göstling-Formation, Reingrabener Schichten
Lithologie	Hellgraue bis schwarze, laminierte, mergelige Kalke und schwarze Tonsteine
Dünnschliffe:	Schnitte durch Lamination und helle Ammoniten, Mudstones bis Wacketones
Fossile Opfer	Ammoniten *Austrotrachyceras triadicum*, Bivalvia mit massenhaftem Auftreten von *Halobia rugosa*, Gastropoda
Täter	Vulkanismus und anschließende Klimaänderung
Status	Bewachsen, zu Forschungszwecken freigelegt
Besitz	Private, Österreichische Bundesforste

Karnische Krise – eine weltweite Klimakatastrophe
Im Untersuchungsgebiet wurde eine Zeit grundlegender ökologischer Veränderungen während der 2 Mio. Jahre andauernden, globalen Karnischen Krise überliefert. Während dieser Phase kam es zum weltweiten Zusammenbruch ganzer Ökosysteme. Nach heutiger Sicht führte gewaltiger Vulkanismus in Kanada und in den USA nicht nur zur Ablagerung einer mehr als 1000 m dicken Schicht aus Basalt, sondern auch zu einem enormen Anstieg von CO_2 in der Atmosphäre. Das wiederum führte in der späten Triaszeit zu einer starken Klimaerwärmung mit wesentlich feuchterem Klima. Weltweit spülten die monsunartigen Regenfälle Sediment in die

Meere, und die Riffe erstickten im Schlamm. Die Geochemie der Sedimente und der darin erhaltenen Fossilien erlaubt Rückschlüsse auf Sauerstoffgehalt, Wasserchemie und Meerestemperatur und ermöglicht eine Rekonstruktion der ehemaligen Lebensräume (Abb. 6.22). Zusätzlich zeigen die Tier- und Pflanzenfossilien einen deutlichen Umbruch im System der marinen Lebensräume. Die Gesteine um Großreifling dokumentieren das dramatische Absterben von Korallenriffen, das Entstehen von sauerstoffarmen Meereswüsten und das Erblühen von dichten Sumpfwäldern als Folge einer drastischen Klimaänderung.

Abb. 6.22 Lebensbild der marinen Umwelt und Bewohner zur späten Triaszeit im Reiflinger Becken. (A. Lukeneder)

6.8 Schmuckschnecken von Hieflau – *Trochactaeon* am Rudistenriff

Das *„Gseis"*, wie das Gesäuse, streng genommen lediglich der Durchbruch von Admont nach Hieflau, bei Einheimischen genannt wird, beeindruckt nicht nur durch die schroffen und hohen Berggipfel wie den Großen Buchstein, Hochtor oder Reichenstein, sondern hat auch seine weichen Seiten. Der Waaggraben, von Buchegg und Ennseck im Norden und Zwölferkogel im Süden gelegen, befindet sich südwestlich von Hieflau und ist unter Wissenschaftlern, aber auch bei Hobbysammlern bekannt und beliebt. Nördlich und westlich wird das Hieflauer Kreidebecken vom Nationalpark Gesäuse eingerahmt. Nördlich vom Waaggraben bei Hieflau ändert die Enns schlagartig die Richtung von Ost nach Nord, in eben diesem Winkel beim Zufluss des Erzbaches befindet sich südlich das beschriebene Areal. Dieses kleinräumige Gebiet zeichnet sich durch fossilreiche Ablagerung der späten Kreidezeit aus.

6.8.1 Rudisten als Bioherme

Die topografisch höher gelegene Fundstelle der Rudisten ist abermals als Biostrom oder Bioherm ausgebildet (Abb. 6.23). Die massenhaft auftretenden Bechermuscheln vom Typ *Hippurites*, *Radiolites* und *Vaccinites* sind hier auf einer Länge von zirka 50 m gut aufgeschlossen (Abb. 6.24). In einer steilen Böschung ist das Vorkommen in 5–20 m Höhe gut zu erkennen, zieht das schmale Bechermuschelband doch direkt entlang der Forststraße. Wie bei solchen Bechermuschelvorkommen üblich, ist der untere Teil der Muschel, also der Becher, der markantere Teil der zweiklappigen Muschel, der obere als Deckel ausgebildete Teil ist zumeist nicht zu sehen oder auch von der Basisklappe getrennt. 2015 wurden an der Universität Graz nähere Untersuchungen an diesem Rudistenriff durchgeführt. Dabei konnte gezeigt werden, dass im Waaggraben eine deutliche Dreiteilung in der Entwicklung des Riffes stattgefunden hat: beginnend von einer Gastropoden-*Plagyoptychus*-Vergesellschaftung über eine *Radiolites*-Korallen-Gemeinschaft hin zur finalen Riffgesellschaft mit den charakteristischen Hippuritenvertretern mit *Vaccinites* (Abb. 6.25). Diese Entwicklung spiegelt eine Veränderung des marinen Lebensraumes wider. Durch eine Transgression des Meeres kam es zu einer Änderung von lagunären Bedingungen hin zu Ablagerungsräumen der inneren Schelfbereiche. Analysen der stabilen Isotope an Rudistenschalen ergaben eine relativ geringe Meerestemperatur im damaligen

Abb. 6.23 Rudistenriff an einer Straßenböschung im Waaggraben bei Hieflau. (A. Lukeneder)

Abb. 6.24 Detailansicht aus dem Rudistenbioherm des Waaggrabens, deutlich sind die massenhaft auftretenden Bechermuscheln zu erkennen. (A. Lukeneder)

Abb. 6.25 Dünnschliff durch zwei verwachsene Rudisten aus dem Riff im Waaggraben. (A. Lukeneder)

6.8 Schmuckschnecken von Hieflau …

Hieflauer Kreidebecken, was auch an dem doch beträchtlichen Eintrag von Süßwasser aus dem Umland liegen mag.

Weiter unten im Waaggraben liegt die andere, nicht minder bekannte Fundstelle der bis zu 15 cm großen Puppenschnecken *Trochactaeon ventricosus*. Diese Formen werden von Sammlern aus unzähligen Grabungsstellen in den Böschungen direkt am Waaggrabenbach wie Kartoffeln ausgegraben (Abb. 6.26). Das hat dazu geführt, dass es dort eher nach Wildschweinbefall mit einhergehenden Hangrutschungen aussieht als nach behutsamem Aufsammeln von Kreidefossilien. Die Schnecken an diesem Punkt weisen von außen meist keine Topqualität auf, sondern zeigen ihre wahre Schönheit erst nach Anschnitt und Politur (Abb. 6.27 und 6.28). Die Schnecken finden sich mit anderen kleineren Schneckentaxa im Sandstein und nahezu gesteinsbildenden Massen der Grünalge *Halimeda*, die auf den ersten Blick nicht als solche zu erkennen sind (Abb. 6.29). Die größeren Schnecken wurden dabei zu Tausenden halbiert oder in dünne Scheiben geschnitten und poliert als Schmucksteine gehandelt.

Die unzähligen Schnecken lebten in der späten Kreidezeit vor ca. 85 Mio. Jahren im Santonium an den Küsten des damals ausgebildeten Hieflauer

Abb. 6.26 Fundsituation der Puppenschnecke *Trochactaeon ventricosus* an den Böschungen des Waaggrabenbaches. (A. Lukeneder)

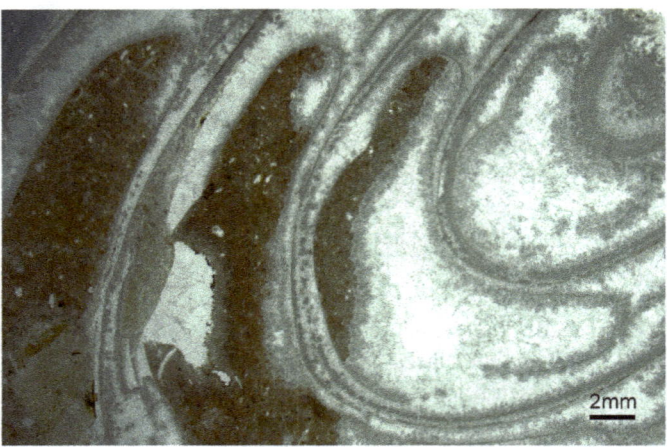

Abb. 6.27 Dünnschliff durch ein Detail von *Trochactaeon ventricosus* aus dem Waaggraben. (A. Lukeneder)

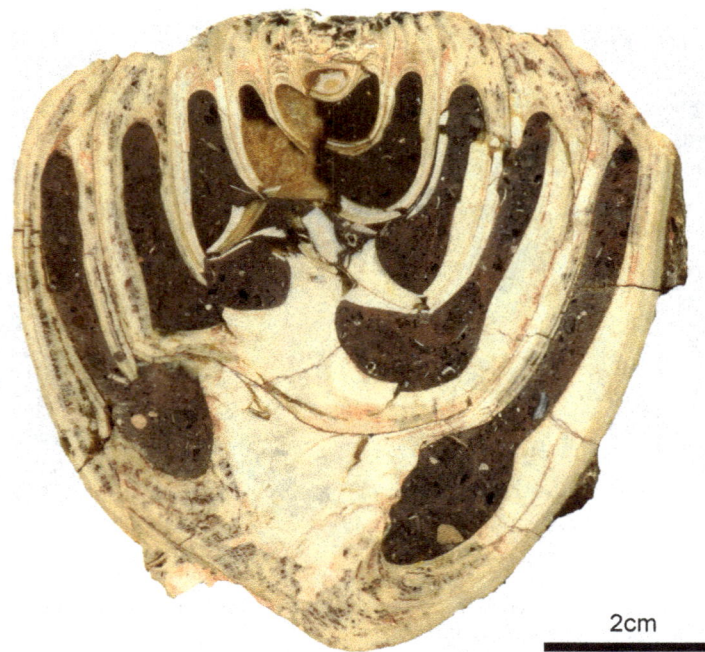

Abb. 6.28 Axialer Schnitt durch die Puppenschnecke *Trochactaeon ventricosus* aus dem unteren Teil des Waaggrabens. (A. Lukeneder)

6.8 Schmuckschnecken von Hieflau …   127

Abb. 6.29 Dünnschliff durch den *Trochactaeon*-Sandstein mit Massen von Algen der Gattung *Halimeda* aus dem Waaggraben. (A. Lukeneder)

Gosaubeckens. „Gosau" ist dabei ein geologischer Begriff für Gesteine, nach dem nahe gelegenen Ort Gosau in Oberösterreich benannt. Die Schnecken weideten dabei Algen an den weit verbreiteten Flussmündungen ab. Zu Millionen wurden die Schneckenschalen später zusammengeschwemmt. Daher entstanden diese Massenvorkommen der bis zu 15 cm großen Schnecken. Charakteristisch dabei sind im Querschnitt auch die spiralig gewundene Schale und im Längsschnitt die Form der Spindel. Dem Volksglauben nach half diese Schneckenspirale gegen die Drehkrankheit bei Schafen. Daher wurden diese Fossilien bei einer Erkrankung des Tieres an der Wirfelkrankheit in Viehtränken gelegt. Man nannte sie deshalb auch Wirfelsteine oder Wirfelstoa.

Die beiden geologisch und paläontologisch interessanten Fundpunkte liegen einen Steinwurf entfernt von einem eingezäunten und bewachten Militärgelände. Dabei handelt es sich um eines der größten Munitionslager des Österreichischen Bundesheeres. Das Wandern auf den Forstwegen und auf gekennzeichneten Wegen ist zwar erlaubt, man sollte sich von den Zäunen des Areals aber tunlichst fernhalten. Das Hundegebell wird bei Annäherung sogleich lauter. Die Sammeltätigkeit hat in den letzten Jahrzehnten derart zugenommen und auch sichtbare

Schäden verursacht, dass ein Schutz durch den Status Naturdenkmal angedacht wird.

CSI Steckbrief

Tatort	Waaggraben, Hieflau
GPS-Daten	Riff 47°35'17.0"N, 14°44'17.1"E; Schnecken 47°35'29.3"N, 14°44'20.8"E
Alter	Santonium bis Campanium, späte Kreide, Mesozoikum
Einfallen der Schichten	40°/310°
Lithologische Einheit	Noth-Formation
Lithologie	Sandstein mit Hippuriten (Rudisten) eines subtropischen Riffes, Sandsteine mit *Trochactaeon ventricosus,* diversen Schnecken und Algen
Dünnschliffe	Biogenreiche Sandsteine und Kalke, hier mit Hippuriten im Schnitt, Grainstones, Boundstones
Fossile Opfer	Rudisten mit *Vaccinites praesulcatus, Hippurites resectus, Radiolites* und *Plagioptychus,* Gastropoden mit nerineiden *Parasimploptyxis,* Korallen, Algen mit *Halimeda*
Täter	Natürlicher Tod
Status	Überwachen, Sammeln nur mit Erlaubnis
Besitz	Gemeinde Hieflau, Steiermärkische Landesforste

Sammeln unerwünscht – Waaggraben als Spezialfall
Für Liebhaber kretazischer Fossilien gab es dort in den letzten Jahrzehnten die Möglichkeit, fossile Muscheln und Schnecken der späten Kreidezeit zu sammeln. Das Ganze hat nur einen Haken, und dieser wird immer größer. Es ist meist ein Leichtes, Fossilreste vom Straßenrand mitzunehmen, von denen es wahrlich genug und schöne gibt. Manche Sammler übertreiben es aber, indem sie Löcher in die Böschung graben und den Rest auf die Forststraße werfen. Wen wundert es, dass sich die Freude darüber bei den Vertretern der Steiermärkischen Landesforste in Grenzen hält. Mein Tipp: Nur lose Fossilien vom Straßenrand mitnehmen und sich mit Bedacht und Rücksicht auf die Natur im Ennswald um den Waaggraben bewegen. Auch

wir als Profis, ob Geologen oder Paläontologen, müssen uns an die geltenden Gesetze halten, sprich, uns anmelden, wenn wir diese Fossilfundpunkte begutachten wollen.

Weiterführende Literatur

Arthaber, G. (1895/1896) Die Cephalopodenfauna der Reiflinger Kalke. Beiträge zur Paläontologie und Geologie Österreich-Ungarns und des Orients 10, Wien, 1–111

Assereto, R. (1971) Die *Binodosus*-Zone. Ein Jahrhundert wissenschaftlicher Gegensätze. Sitzungsberichte der Akademie der Wissenschaften. Mathematisch-naturwissenschaftlich Klasse 179, 25–53

Bittner, A. (1887) Zur Verbreitung der Opponitzer Kalke in den nordsteirischen und in den angrenzenden oberösterreichischen Kalkalpen. Verhandlungen der k. k. Geologischen Reichsanstalt, Sitzung am 15. Februar, 81–85

Broili, F. (1906) Ein Stegocephalenrest aus den bayrischen Alpen. Centralblatt für Mineralogie, Geologie und Paläontologie, 568–571

Brukner-Wein, Lobitzer, H., Müller, S. (1996) Organic geochemistry and facies of the Carnian Göstling Beds and Opponitz Formation (Northern Calcareous Alps, Austria). Advances in Austrian-Hungarian Joint Geological Research, Budapest, 149–157

Ehrlich, K. (1850) 3. Bericht über die Arbeiten der Section III. Jahrbuch der Kaiserlich-Königlichen Geologischen Reichsanstalt 1, Wien, 628–646

Faupl, P. (1983): Die Flyschfazies in der Gosau der Weyrer Bögen (Oberkreide, Nördliche Kalkalpen, Österreich). – Jahrbuch der Geologischen Bundesanstalt 126, 2, 219–244

Faupl, P., Pober, E., Wagreich, M., (1987) Facies development of the Gosau Group of the Eastern Parts of the Northern Calcareous Alps during the Cretaceous and Paleogene. Geodynamics of the Eastern Alps. 142–155

Gross M, Martin J (2008) From the Palaeontological Collection of the Provincial Museum Joanneum – The Fossil Crocodylians (Crocodylia). Joannea Geologie und Paläontologie 10:91–125

Gulas O, Kollmann H (2018) The Nature and Geopark Styrian Eisenwurzen. In: Hejl E, Ibetsberger H, Steyrer H (Hrsg) Unesco Geoparks in Austria. Verlag Dr. Friedrich Pfeil, München, S 137–173

Haidinger W (1847) I. Spezielle Mittheilungen. 1. Geologische Beobachtungen in den österreichischen Alpen. Berichte über die Mittheilungen von Freunden der Naturwissenschaften in Wien. Gesammelt und herausgegeben von W. Haidinger 5:347–368

Hasitschka, J. Chronik von Hieflau. Vom Werden und Vergehen eines Industriestandortes. Eigenverl. Gem. Hieflau, Hieflau, (2014), 1–372

Hauer FR, von. (1850) IV. Ueber die geognostischen Verhältnisse des Nordabhanges der nordöstlichen Alpen zwischen Wien und Salzburg. Jahrbuch der k. k. Geologischen Reichsanstalt 1:17–60

Hausl-Hofstätter U (2021) Ein Erbe aus nationalsozialistischer Zeit: Die zoologischen Präparate aus dem Benediktinerstift Admont im Joanneum und ihre Restitution. Versuch einer Aufarbeitung. Joannea Zoologie 19:5–74

Hohenegger J, Tatzreiter F (1992) Morphometric methods in determination of ammonite species, exemplified through Balatonites shells (Middle Triassic). J Paleontol 66:801–816

Huene F von (1902) Übersicht über die Reptilien der Trias [Review of the Reptilia of the Triassic]. Geologische und Paläontologische Abhandlungen (Neue Serie). Gustav Fischer Verlag, Jena 6:1–84

Huene F von (1916) Beiträge zur Kenntnis der Ichthyosaurier im deutschen Muschelkalk. Palaeontographic 62:1–68

Kiefer H (1941) Gabriel Strobl und sein Lebenswerk. Zeitschrift des Wiener Entomologen Vereines 26:186–187

Kollmann HA (1964) Stratigraphie und Tektonik des Gosaubeckens von Gams (Steiermark, Österreich). Jahrb Geol Bundesanst 107:71–159

Kollmann HA (1967) Die Gattung *Trochactaeon* in der ostalpinen Oberkreide. Ann Naturhist Mus Wien 71:117–198

Kornhuber, A. (1873) Über einen neuen fossilen Saurier aus Lesina. Abhandlungen der k. k. Geologischen Reichsanstalt Wien 5, 4, 75–90

Kozur H, Mostler H (1972) Beiträge zur Erforschung der mesozoischen Radiolarien. Teil I: Revision der Oberfamilie Coccodiscacea HAECKEL 1862 emend. und Beschreibung ihrer triassischen Vertreter. Geologisch-Paläontologische Mitteilungen Innsbruck 2:1–60

Kreuss, O. (2014) Geologische Karte der Republik Österreich, 1:50 000, Blatt 100 – Hieflau, Stand 2014, Ausgabe 2014/09. Geologische Bundesanstalt

Kritz R., Pavuza R., Stummer G. (2005) Das Wasserloch bei Palfau. Karst- und höhlenkundliche Streiflichter, Speldok 14, Wien – Weng, 24–26

Krystyn, L. (1991) Die Fossillagerstätten der alpinen Trias. In: Nagel, D, Rabeder G. (Eds.) Exkursionen im Jungpaläozoikum und Mesozoikum Österreichs. Österreichische Paläontologische Gesellschaft, 23–78

Lukeneder, A. (2020) Wandern in die Welt der Dinos. 200 Seiten, Servus Verlag

Lukeneder, A., Lukeneder S. (2021) The Upper Triassic Polzberg palaeobiota from a marine Konservat-Lagerstätte deposited during the Carnian Pluvial Episode in Austria. Nature Research, Scientific Reports, 11, 16644 (2021)

Lukeneder, A., Lukeneder, S. (2022) Taphonomic history and trophic interactions of an ammonoid fauna from the Upper Triassic Polzberg palaeobiota. Scientific Reports, 12, 7455

Lukeneder, A., Surmik, D., Gorzelak, P., Niedzwiedzki, R., Brachaniec, T., Salamon, M.A. (2020) Bromalites from the Upper Triassic Polzberg section (Austria); insights into trophic interactions and food chains of the Polzberg palaeobiota. Scientific Reports 10, 20545

Lukeneder, P., Lukeneder, A. (2022a) Comment on „Triassic coleoid beaks and other structures from the Calcareous Alps revisited" by Doguzhaeva et al. (2022). Acta Palaeontologica Polonica, 67, online 28. November 2022

Lukeneder P, Lukeneder A (2022b) Mineralized belemnoid cephalic cartilage from the Late Triassic Polzberg Konservat-Lagerstätte (Austria). PLoS ONE 17(4):e0264595

Weiterführende Literatur

Meyer, H. von. (1847) Briefwechsel. Frankfurt a. M., 4. Januar 1847. Neues Jahrbuch für Mineralogie, Geognosie, Geologie und Petrefakten-Kunde. Leonhard, K.C. von, Bronn, H.G. (Ed.), Schweizerbart'sche Verlagshandlung und Druckerei, Stuttgart, 181–196

Meyer H von (1847b) *Ichthyosaurus platyodon* von Reifling. Jahrbuch der k. k. Geologischen Reichsanstalt 1847:189

Mostler H, Scheuring BW (1974) Mikrofloren aus dem Langobard und Cordevol der Nördlichen Kalkalpen und das Problem des Beginns der Keupersedimentation im Germanischen Raum. Geologisch-Paläontologische Mitteilungen 4:1–35

Ösi A, Szabó M, Kollmann H, Wagreich M, Kalmár R, Makádi L, Szentesi Z, Summesberger H (2019) Vertebrate remains from the Turonian (Upper Cretaceous) Gosau Group of Gams, Austria. Cretac Res 99:190–208

BEV (Bundesamt für Eich- und Vermessungswesen) (1997) Österreichische Karte. Hieflau 100. ÖK 1:50 000, Wien

Piller, W., Egger, H., Gross, M., Harzhauser, M., Hubmann, B., Husen, D., Krenmayr, H.-G., Krystyn, L., Lein, R., Mandl, G., Rögl, F., Roetzel, R., Rupp, C., Schnabel, W., Schönlaub, H., Summesberger, H., Wagreich, M. (2004) Die Stratigraphische Tabelle von Österreich 2004 (sedimentäre Schichtfolgen). Kommission für die Paläontologische und stratigraphische Erforschung Österreichs (Österreichische Akademie der Wissenschaften und Österreichische Stratigraphische Kommission, 2004)

Plan, L. (2005) Karst und Höhlen im westliche Hochschwab. Karst- und höhlenkundliche Streiflichter, Speldok 14, Wien – Weng, 20

Rolle F (1857) Die in Steiermark vorkommenden Thier- und Pflanzenreste der Vorwelt. Der Aufmerksame. Wochenschrift für die Interessen der Steiermark 24:377–381

Rosenberg G (1953) Das Profil des Rahnbauerkogels bei Großreifling. Verhandlungen der Geologischen Bundesanstalt Wien 1953(4):233–241

Schultz, O. (2013) Catalogus Fossilium Austriae. Ein systematisches Verzeichnis aller auf österreichischem Gebiet festgestellten Fossilien. Band 3: Pisces. Piller, W.E (Ed.) Verlag der Österreichischen Akademie der Wissenschaften, Wien, 1–576

Schweigert G, Schweigert S (2012) Das GeoZentrum Gams bei Hieflau in der Steiermark. Fossilien 3(12):156–161

Steuber T (2001) Strontium isotope stratigraphy of Turonian-Campanian Gosau-type rudist formations in the Northern Calcareous Alps and Central Alps (Austria and Germany). Cretac Res 22:429–441

Stummer, G. (2005) Karst und Höhlen im Naturpark Eisenwurzen. Karst- und höhlenkundliche Streiflichter, Speldok 14, Wien – Weng, 17–19

Stur, D. (1871) Geologie der Steiermark. Erläuterungen zur geologischen Uebersichtskarte des Herzogthumes Steiermark. Direction des geognostisch-montanistischen Vereines für Steiermark, Graz, 1–654

Summesberger H (1984) Problematik der Mitteltrias von Grossreifling. Exkursionsführer 5. Jahrestagung der Österreichischen Geologischen Gesellschaft, Eisenerz 1984:48–52

Summesberger H, Kennedy WJ (1996) Turonian ammonites from the Gosau Group (Upper Cretaceous; Northern Calcareous Alps; Austria) with a revision of *Barroisiceras haberfellneri* (Hauer, 1866). Beiträge zur Paläontologie Österreichs 21:105–177

Summesberger H, Wagner L (1972) Der Stratotypus des Anis (Trias). Geologische Beschreibung des Profiles von Großreifling (Steiermark). Annalen des Naturhistorischen Museums in Wien 76:515–538

Sumnitsch, L. (2015) Facies development of upper Cretaceous rudist limestone at Waaggraben/Hieflau (Northern Calcareous Alps). Master-Arbeit, Karl-Franzens-Universität Graz, Institut für Erdwissenschaften, 56 Seiten (online verfügbar)

Tatzreiter F (2001) *Noetlingites strombecki* (GRIEPENKERL 1860) und die stratigraphische Stellung der Großreiflinger Ammonitenfaunen (Anis, Steiermark/Österreich). Mitteilungen der Gesellschaft der Geologie- und Bergbaustudenten in Österreich 45:143–162

Tollmann A (1972) Die Neuergebnisse über die Trias-Stratigraphie der Ostalpen. Mitteilungen der Gesellschaft der Geologie- und Bergbaustudenten in Österreich 21:65–113

Tollmann A (1976) Analyse des Klassischen Nordalpinen Mesozoikums. Deuticke, Wien, S 1–576

Waagen, W., Diener, C. (1895) Sitzungsberichte der Akademie der Wissenschaften Wien. Mathematisch-naturwissenschaftliche Klasse 104, 1271–1302

Zapfe H (1972) Mesozoikum in Österreich. Mitteilungen der Geologischen Gesellschaft in Wien 65:171–216

Zapfe, H. Paläobiologische Untersuchungen an Hippuritenvorkommen der nordalpinen Gosauschichten. Verhandlungen der Zoologisch-Botanischen Gesellschaft Wien 86–86/87, 73–124

Der wilde Osten: Wildalpen   7

Wildalpen findet man am Fuße des nördlichen Hochschwab im Mittelpunkt des Salzatales (Abb. 7.1). Die Salza und vor allem der Nebenfluss Lassing sind prägend für den Gebirgsort. Der sogenannte Bergsturz von Wildalpen (zwischen 5900 und 5700 Jahren vor heute), der vom Großen Grießstein (2023 m) über Ebenstein (2123 m) bis zum Brandstein (2003 m) abging, hat die Landschaft durch Sturzstromablagerungen und Sedimente vor allem rund um den Ortskern Wildalpen seinerzeit massiv verändert. Im Norden wird die Gemeinde von den Göstlinger Alpen und einem Gebirgsstock namens Kräuterin begrenzt und im Süden der Ortsteil Hinterwildalpen von den Ausläufern der Eisenerzer Alpen.

7.1 Geschichte von Wildalpen

Erzbischof Gebhard von Salzburg errichtete 1074 das Benediktinerstift Admont und schenkte ihm viele Besitzungen, wozu auch das Gebiet von Wildalpen gehörte. Besonders wichtig ist das Diplom von Erzbischof Konrad I. vom 10. Oktober 1139 an das Stift Admont, mit der ersten urkundlichen Nennung Wildalpens. Zwischen dem beginnenden 16. Jahrhundert und dem 19. Jahrhundert war Wildalpen von Eisenverarbeitung und Holzkohleerzeugung aufgrund der Nähe zu Eisenerz geprägt. Dieser wirtschaftliche Aufschwung wurde mit der Entdeckung der Steinkohle beendet. Ab diesem Zeitpunkt lag der Schwerpunkt der Arbeitsplätze auf der Forstwirtschaft und Flößerei. Die Entwicklung im 20. Jahrhundert war in erster Linie vom Bau und den Erweiterungen der II. Wiener Hochquellenleitung geprägt (Abb. 7.2). Noch heute, 120 Jahre später, ist die Stadt Wien einer der wichtigsten Arbeitgeber für die Region Wildalpen.

Abb. 7.1 Der Ortskern von Wildalpen umspült von der tosenden Salza und das Museum HochQuellenWasser im Hintergrund. (S. Leitner)

7.1 Geschichte von Wildalpen

Abb. 7.2 Aquädukt der II. Wiener Hochquellenleitung in Wildalpen, welches die Bewohner:innen der Hauptstadt mit frischem Trinkwasser unter anderem aus Wildalpen versorgt. (S. Leitner)

Kalk und Verkarstung
In wasserlöslichen Gesteinen wie Kalk oder Dolomit beginnt der Lösungsprozess an der Gesteinsoberfläche, wo unterschiedliche Formen von Karren im Dezimeterbereich entstehen. Die weiter fortschreitende oberflächliche Gesteinslösung lässt in weitere Folge entstehen. Schlundlöcher in Form von Dolinen sind das Eintrittsportal ins tiefere Berginnere, wo Spalten, Kamine und Aushöhlungen in vielen unterschiedlichen Formen ein miteinander verflochtenes Höhlensystem bilden. Durch diese Hohlräume kann Wasser mit meist sehr hohen Geschwindigkeiten fließen. In teils sehr ergiebigen Quellen wie der für die Wasserversorgung von Wien bedeutenden Kläfferquelle in Wildalpen (Abb. 7.3) oder dem Wasserloch in Palfau tritt dieses Wasser wieder zutage.

Abb. 7.3 Die Kläfferquelle in Wildalpen ist eine der größten Trinkwasserquellen Mitteleuropas. (S. Leitner)

7.2 Beilsteineishöhle

Eine besondere Karsthöhle liegt westlich von Wildalpen in 1320 m Seehöhe inmitten eines Waldgebiets. Der Höhleneingang befindet sich in einer großen Senke, in welcher es oftmals zur Bildung eines Kaltluftsees kommt, was einen wesentlichen Faktor für die Eisbildung darstellt. Zwei schachtartige, abwärts führende Tagöffnungen führen dazu, dass sich in der ausschließlich mit eiskalter Luft gefüllten Höhle geschichtetes Sohleneis mit einer Mächtigkeit von bis zu 14 m bilden konnte (Abb. 7.4). Je nach Jahreszeit ist der Hauptraum von unterschiedlich großen Boden- und Deckeneisgebilden ausgekleidet. In der Frühzeit der Karst- und höhlenkundlichen Erforschung im 19. Jahrhundert galt die Beilsteineishöhle als eine der bedeutendsten unter den wenigen damals bekannten Eishöhlen der österreichischen Alpen. Zahlreiche Wissenschaftler und Reiseschriftsteller beschäftigten sich schon in historischer Zeit anhand dieser Höhle mit der Frage der Eisentstehung. In Begleitung eines geprüften Höhlenführers ist der Besuch dieser erstaunlichen Höhle möglich.

7.3 Arzberghöhle

Abb. 7.4 Messungen der Sohleismächtigkeit in der Beilsteineishöhle mittels Georadar im Jahr 2008. (H. Thaler)

CSI Steckbrief

Tatort	Beilstein 1393 m
GPS-Daten	47°40′28,0″N, 14°52′51,0″E
Alter	Jura allgemein
Lithologische Einheit	Plassenkalk
Lithologie	Mikritischer, massiger bis grob gebankter Kalk

7.3 Arzberghöhle

Der Grund für die hohe Bekanntheit dieser Höhle sind die Funde von unzähligen fossilen Höhlenbären Knochen und Zähnen aus den letzten Eiszeiten, die bei zahlreichen Grabungen geborgen wurden. Größere Knochen und Schädel sind leider meist als Bruckstücke erhalten.

Die Arzberghöhle liegt im nördlichen Bereich des Hochschwabmassivs im Salzatal, ca. 3,5 km westlich des Ortszentrums von Wildalpen. Der Haupteingang der besonders geschützten Arzberghöhle liegt auf einer Seehöhe von 735 m, etwa 150 m oberhalb der Straße zwischen Wildalpen und Palfau. Das ganze Höhlensystem befindet sich im Plassenkalk der späten Jurazeit und hat insgesamt vier Eingänge: den Haupteingang am Wandfuß und drei Fensteröffnungen oberhalb der Felswand. Der Haupteingang führt in die Eingangshalle, auch Vorhalle genannt. Eine 8 m lange Leiter ermöglicht den Aufstieg in die zweite Etage dieses Höhlensystems (Abb. 7.5). Durch den stetig bergauf führenden geräumigen Hauptgang gelangt man in die Blockwerkhalle. Von hier aus erreicht man den 60 m langen horizontalen Lehmgang, von dem aus ein etwas höher gelegener 60 m langer zusätzlicher Gang weiterführt.

Probegrabungen im Jahr 2008 brachten insgesamt 350 Zähne und Knochenreste zutage. Die Radiokarbonbestimmung ergab Altersdaten aus zwei verschiedenen Zeitphasen der Würm-Eiszeit mit 29.000 bzw. 36.020 Jahren. Zahlreiche Bärenschliffe an den Höhlenwänden zeigen eine rege Bewegung in dieser

Abb. 7.5 Die Arzberghöhle in Wildalpen kann im Zuge von Führungen besucht werden. (S. Leitner)

Höhle, die nicht nur von Bären besiedelt wurde. Der Fund zweier Klingen aus Hornstein (Flintstone) weist auf die Anwesenheit von Menschen zur damilgen Zeit hin.

CSI Steckbrief

Tatort	Gams bei Hieflau – Wildalpen
GPS-Daten:	47° 40′ 14″ N, 14° 56′ 19″ E
Alter	Oberjura bis Unterkreide
Lithologische Einheit	Plassenkalk-Formation
Lithologie	Mikritischer Lagunenkalk mit Korallen, Schwämmen und Hydrozoen
Täter	Wasser und Kohlensäure

7.4 Abgestürzter Meeresboden – Riesenbergsturz von Wildalpen

Das für den Quellwasserreichtum bekannte Wildalpen wartet auch mit einer ganz anderen geologischen Besonderheit auf. Im südlichen Gemeindegebiet von Wildalpen ereignete sich in einem Zeitraum vor 5900 bis 5700 Jahren ein riesiger Bergsturz. Das Alter dieses gewaltigen Ereignisses wurde durch die Analyse von in der Bergsturzmasse eingeschlossenen Baumfragmenten, welche später durch Erosion freigelegt wurden, errechnet.

Die Hauptmasse des Bergsturzes setzt sich aus Dachsteinkalk zusammen. Der Dachsteinkalk aus der Triaszeit ist über mehrere Millionen Jahre als Kalkschlamm, wenige zehntel Millimeter pro Jahr, auf den Boden einer tropischen Lagune abgesunken und später zu einem mächtigen Gesteinspaket geworden. Im Zuge der Gebirgsbildung zusammengefaltet und hochgehoben bildet dieses massive, gebankte Gestein oft die Gipfelregionen mit Graten und Bergkämmen im Geopark. Nicht immer sind diese Gesteinsstapel stabil, und so kam es zum Absturz bzw. zu einer Abgleitung des ehemaligen Meeresbodens.

Geologische Kartierungen ergaben, dass die Abbruchkante im Bereich des Bergkamms zwischen Ebenstein, Schafhalssattel und Brandstein lag (Abb. 7.6). Hier löste sich, vermutlich durch ein Erdbeben ausgelöst, der Gesteinsverband zwischen den Kalk- und Dolomitgesteinen. Sie glitten in Form eines Bergsturzes aus der Westflanke der Griessteine in Richtung Norden ab und verschütteten ein Gebiet von ca. 16 km^2 Größe und einem Volumen von ca. 900 Mio. m^3.

Im Detail wird die Bergsturzmasse, von der Abbruchkante weg bis zu den entferntesten Ausläufern, in Gleitschollen, Riesenblöcke, Grobschutt und Sturzstromablagerungen unterteilt. Die distalsten, also am weitesten entfernten, Ablagerungen sind in der Ortschaft Fachwerk, im Salzatal östlich von Wildalpen, zu finden (Abb. 7.7).

CSI Steckbrief

Tatort	Ebenstein (2123 m) – Brandstein (2003 m)
GPS Daten	47°36′48,0″N, 15°00′38,4″E
Alter	Trias allgemein
Lithologische Einheit	Dachsteinkalk
Lithologie	Mikritischer Kalk, fossilarm, gebankt
Täter	Lagerung, Schwerkraft

Abb. 7.6 Blick auf das Bergsturzgebiet von Wildalpen von der Abbruchkante zwischen Brandstein, Schaufelwand (links) und Großem Griesstein (rechts) auf das Ablagerungsgebiet Richtung Nordwesten. (M. Mergili)

7.4 Abgestürzter Meeresboden – Riesenbergsturz von Wildalpen

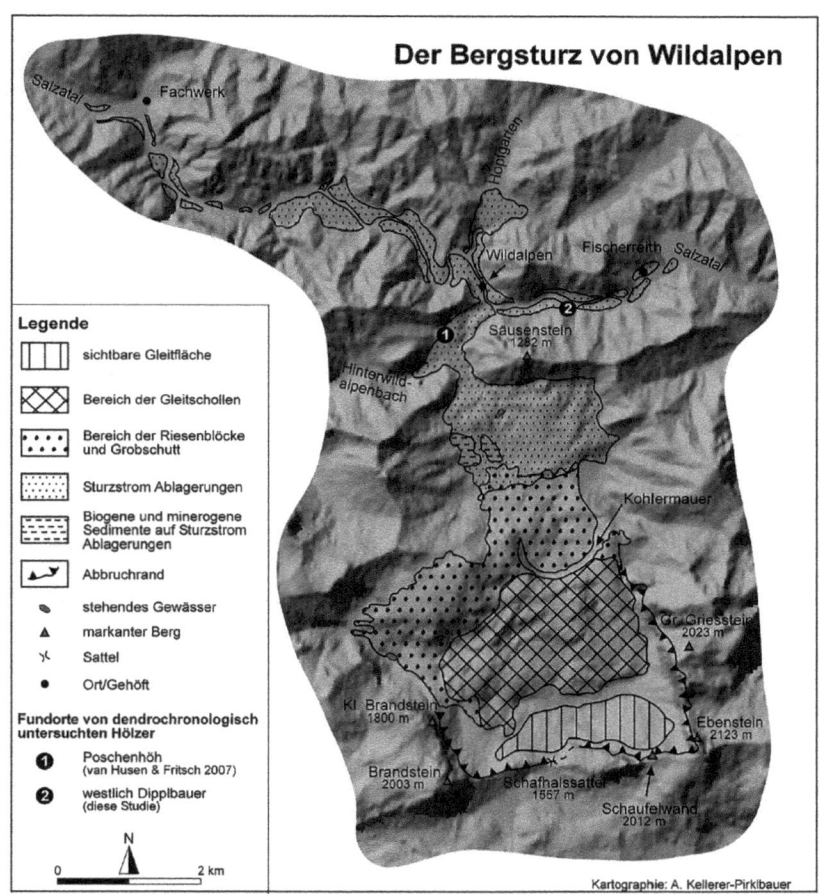

Abb. 7.7 Topografische Karte vom Bergsturzgebiet von Wildalpen mit Unterscheidung der unterschiedlichen Bergsturzbereiche im Abriss- sowie Ablagerungsgebiet. Im Ablagerungsgebiet sind auch die Fundorte der dendrochronologisch bearbeiteten Baumfragmente verortet. (In Anlehnung an van Husen und Fritsch 2007)

Weiterführende Literatur

Döppes D, Pacher M, Rabeder G (2009) Die paläontologische Probegrabung in der Arzberghöhle bei Wildalpen (Steiermark), Bd 60. Verband Österreichischer Höhlenforscher – Die Höhle, S 28–32

Faupl P, (1983) Die Flyschfazies in der Gosau der Weyrer Bögen (Oberkreide, Nördliche Kalkalpen, Österreich) – Jahrbuch der Geologischen Bundesanstalt 126(2):219–244

Kellerer-Pirklbauer A et al. (2009) Der Bergsturz von Wildalpen (Hochschwab, Steiermark): Neue dendrochronologische Ergebnisse eines Baumfragments aus der Bergsturzablagerung. – Mitt. d. naturwiss. Vereins für Stmk. 139:57–65

Kritz R, Pavuza R, Stummer G (2005) Das Wasserloch bei Palfau. Karst- und höhlenkundliche Streiflichter, Speldok 14, Wien – Weng, 24–26

Piller W E, et al., (2004) Die stratigraphische Tabelle von Österreich 2004 (sedimentäre Schichtfolgen). – Kommission für die paläontologische und stratigraphische Erforschung Österreichs, Österreichische Akademie der Wissenschaften und Österreichische Stratigraphische Kommission, Wien

Plan L, (2005) Karst und Höhlen im westliche Hochschwab. Karst- und höhlenkundliche Streiflichter, Speldok 14, Wien – Weng, 20

Stummer G, (2005) Karst und Höhlen im Naturpark Eisenwurzen. Karst- und höhlenkundliche Streiflichter, Speldok 14, Wien – Weng, 17–19

Stummer G., Pavuza R. (2005) Die Beilsteinhöhle (1741/2). Karst- und höhlenkundliche Streiflichter, Speldok 14, Wien – Weng, 27–31

van Husen D, Fritsch A, (2007) Der Bergsturz von Wildalpen (Steiermark). – Jb. Geol B-A, Bd. 147/1+2: 201–213

GPSR Compliance

The European Union's (EU) General Product Safety Regulation (GPSR) is a set of rules that requires consumer products to be safe and our obligations to ensure this.

If you have any concerns about our products, you can contact us on

ProductSafety@springernature.com

In case Publisher is established outside the EU, the EU authorized representative is:

Springer Nature Customer Service Center GmbH
Europaplatz 3
69115 Heidelberg, Germany

www.ingramcontent.com/pod-product-compliance
Lightning Source LLC
LaVergne TN
LVHW020332260326
834688LV00037B/986